一冊に凝縮

2025年版
Home/Pro 対応

The Best Guide to Windows 11 for Beginners and Learners.

Windows 11 やさしい教科書

改訂第3版
Copilot 対応

わかりやすさに自信があります！

リブロワークス

SB Creative

本書の掲載内容

本書は、2024年10月31日の情報に基づき、Windows 11 Home ／ Proの操作方法について解説しています。また、本書ではWincows 11 Homeの画面を用いて解説しています。ご利用のWindows 11の機能アップデートや、お使いのパソコン環境などによっては、項目の位置などに若干の差異がある場合があります。あらかじめご了承ください。

本書に関するお問い合わせ

この度は小社書籍をご購入いただき誠にありがとうございます。小社では本書の内容に関するご質問を受け付けております。本書を読み進めていただきます中でご不明な箇所がございましたらお問い合わせください。なお、ご質問の前に小社Webサイトで「正誤表」をご確認ください。最新の正誤情報を下記のWebページに掲載しております。

本書サポートページ　https://isbn2.sbcr.jp/28710/

上記ページの「サポート情報」にある「正誤情報」のリンクをクリックしてください。
なお、正誤情報がない場合、リンクは用意されていません。

ご質問送付先

ご質問については下記のいずれかの方法をご利用ください。

Webページより

上記のサポートページ内にある「お問い合わせ」をクリックしていただき、ページ内の「書籍の内容について」をクリックすると、メールフォームが開きます。要綱に従ってご質問をご記入の上、送信してください。

郵送

郵送の場合は下記までお願いいたします。

　〒105-0001
　東京都虎ノ門2-2-1
　SBクリエイティブ　読者サポート係

■本書内に記載されている会社名、商品名、製品名などは一般に各社の登録商標または商標です。本書中では®、™マークは明記しておりません。

■本書の出版にあたっては正確な記述に努めましたが、本書の内容に基づく運用結果について、著者およびSBクリエイティブ株式会社は一切の責任を負いかねますのでご了承ください。

Ⓒ2024 LibroWorks Inc.
本書の内容は著作権法上の保護を受けています。著作権者・出版権者の文書による許諾を得ずに、本書の一部または全部を無断で複写・複製・転載することは禁じられております。

はじめに

時代を先取りしてタッチPCに舵を切ったWindows 8/8.1。そこから引き戻すように、大幅に「原点回帰」したWindows 10。それに続く6年振りのメジャーバージョンアップがWindows 11です。Windows 11のデスクトップを一見すると、Windows 10よりもさらに原点回帰したようでもあり、逆にさらにスマートフォンに近づいたようにも感じます。Windows 8で導入された「[スタート]メニューのタイル」や「タブレットモード」などのタッチPC向け機能は廃止されました。その代わり、あらゆるボタンやアイコンが、指で操作しやすいようゆったり配置されています。ひとことでいえば、マウスとタッチがより高いレベルで融合した新時代のWindowsなのです。

全体の操作感以外にも、次のような新機能や、細やかな使い勝手の改良が施されています。

- シンプルなスマートフォン風デザインを採り入れた［スタート］メニュー
- AIアシスタントCopilotを手軽に利用できる
- ウィンドウをすばやく並べられるスナップレイアウト
- ［スタート］メニューから独立して見やすくなったウィジェット
- エクスプローラーがタブでフォルダーを切り替え可能に
- Outlookが規定のメールアプリに
- 動画編集ソフトClipchampの搭載
- TPM2.0によるセキュリティの向上

改訂第3版では、2024年の大規模アップデート24H2に対応し、解説内容を全面的に更新しています。

本書の執筆にあたっては、次の2つを目標としました。

- スマートフォンには慣れているがパソコンはこれから使うという方を意識して解説すること
- 以前からWindowsを利用している方にも新たな発見となる情報を提供すること

Windows 11がマウスとタッチを融合させたように、この書籍も2つの異なる読者を満足させることを目指しています。まさにすべての読者のための情報を凝縮した一冊です。
本書が、皆さまのあらゆる活動の場で、役に立つ一冊となれば幸甚です。

2024年10月
リブロワークス

本書の使い方

- 本書では、Windows 11 をこれから使う人を対象に、Windows 11 の使い方を画面をふんだんに使用して、とにかく丁寧に解説しています。基本操作から文字の入力、ファイルやフォルダー、Webブラウザー、メール、周辺機器の利用方法まで、一通りの使い方を覚えることができます。
- Windows 11 には、写真の管理や編集ができるアプリや動画編集ができるアプリ、ビデオ会議ができるアプリのほか、クラウドストレージであるOneDriveのアプリなど、仕事でもプライベートでも使えるアプリが揃っています。本書では、Windows 11 の代表的なアプリの操作方法も紹介していきます。

紙面の構成

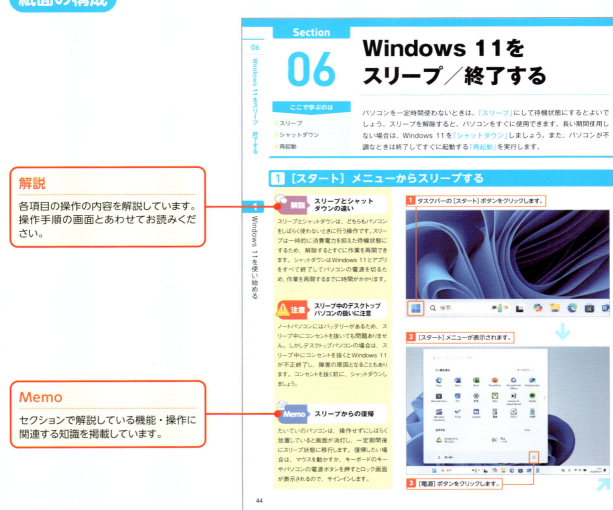

解説
各項目の操作の内容を解説しています。操作手順の画面とあわせてお読みください。

Memo
セクションで解説している機能・操作に関連する知識を掲載しています。

効率よく学習を進める方法

1 まずは概要をつかむ　各章の冒頭では、その章で扱うテーマの概要を、用語の説明を交えて紹介しています。その章で何を知ろうとしているのかを確認して、学習を進めていきましょう。

2 実際にやってみる　紙面を見ながら実際に操作手順を実行して、結果を確認しながら読み進めてください。

3 リファレンスとして活用　一通り学習し終わったあとも、本書を手元に置いてリファレンスとしてご活用ください。MemoやHintなどの関連情報もステップアップにお役立てください。

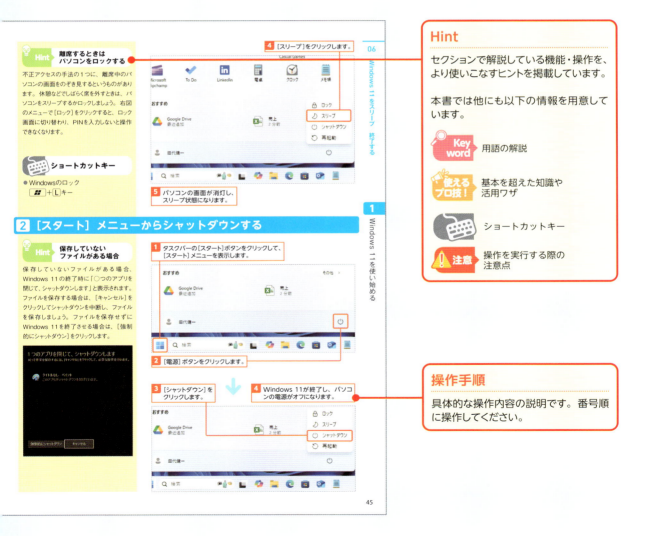

パソコンの基本操作

パソコンの操作は、キーボードとマウスを使って行います。ノートパソコンでは、マウスの代わりにタッチパッドを使用するのが一般的です。ここではマウスとタッチパッドの操作方法を説明します。
また、タッチパネル対応のディスプレイを備えたパソコンの場合は、画面を指で触って操作をすることもできます。

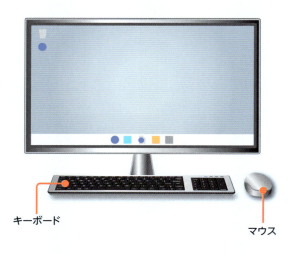

キーボード
マウス

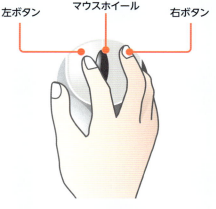

マウスの左ボタンに人差し指を置き、右ボタンに中指を置きます。
マウスホイールは人差し指または中指で回転させます。

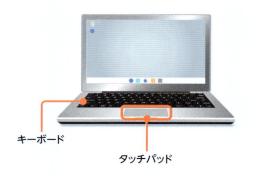

キーボード
タッチパッド

タッチパッドには左ボタンと右ボタンが付いています。これが、マウスの左ボタンと右ボタンと同じ働きをします。

タッチパネル対応のディスプレイの場合は、画面をタッチして操作できます。

マウス／タッチパッドの操作

クリック
画面上のものやメニューを選択したり、ボタンをクリックしたりするときに使います。

左ボタンを1回押します。

左ボタンを1回押します。

右クリック
操作可能なメニューを表示するときに使います。

右ボタンを1回押します。

右ボタンを1回押します。

ダブルクリック
ファイルやフォルダーを開いたり、アプリを起動したりするときに使います。

左ボタンをすばやく2回押します。

左ボタンをすばやく2回押します。

ドラッグ
画面上のものを移動するときに使います。

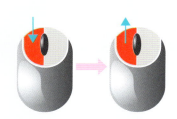
左ボタンを押したままマウスを移動し、移動先で左ボタンを放します。

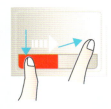
左ボタンを押したままタッチパッドを指でなぞり、移動先で左ボタンを放します。

タッチパネルでのタッチ操作

タッチパネル対応のディスプレイの場合は、画面をタッチして操作できます。

タップ

マウスのクリックに当たります。

指で1回トンと触れます。

ロングタッチ

マウスの右クリックに当たります。

指を数秒触れたままにします。

ダブルタップ

マウスのダブルクリックに当たります。

指ですばやく2回トントンと触れます。

スライド

画面をスクロールさせるときなどに使用します。

画面を指で触れたまま上下左右に動かします。

スワイプ

画面の右側からスワイプして通知&ミニカレンダーを呼び出すなど、Windows 11特有の機能を使用します。

画面を指ですばやく払うように動かします。

ピンチ／ストレッチ

画面を拡大／縮小させるときに使用します。

画面に触れた2本の指をつまんだり広げたりします。

よく使うキー

- **Esc（エスケープ）キー** 操作を取り消すときに使います。
- **半角/全角キー** 日本語入力モードと半角英数モードを切り替えます。
- **Delete（デリート）キー** カーソルの右側の文字を削除します。
- **BackSpace（バックスペース）キー** カーソルの左側の文字を削除します。
- **テンキー** 電卓のように数字や演算記号が集まったキーです。
- **Shift（シフト）キー** 他のキーと組み合わせて使います。
- **スペースキー** 空白の入力や漢字への変換に使います。
- **Enter（エンター）キー** 文字の確定や改行時に使います。
- **矢印キー** カーソルを上下左右に移動します。
- **Ctrl（コントロール）キー** 他のキーと組み合わせて使います。

ショートカットキー 複数のキーを組み合わせて押すことで、特定の操作をすばやく実行することができます。本書中では ○○ ＋ △△ キーのように表記しています。

▶ Ctrl ＋ A キーという表記の場合

2つのキーを同時に押します。

▶ Ctrl ＋ Shift ＋ Esc キーという表記の場合

3つのキーを同時に押します。

CONTENTS

第 1 章 Windows 11を使い始める 　　23

Section 01 Windows ってどんなもの？ 　　24

パソコンが使われる理由
Windowsの魅力は対応アプリの豊富さ
多種多様なパソコンから自分に合うものを選べる

Section 02 Windows 11は何が新しくなった？ 　　26

ハードウェアでセキュリティを向上させる
生成AI「Copilot」を手軽に利用できる
未来のパソコン、Copilot+ PC
タッチでもマウスでも使いやすいインターフェース
ワイド画面を生かすスナップレイアウト
タブ化したエクスプローラー
独立したウィジェット

Section 03 Windows 11を初期設定する 　　30

言語やキーボードを選択する
Wi-Fiに接続する
Microsoftアカウントを入力する
各種設定を行う

Section 04 Microsoftアカウントを新規取得する 　　38

アカウント＝利用権
Microsoftアカウントでできること
Windows 11の初期設定時にMicrosoftアカウントを作成する
名前と国／地域、生年月日を登録する

Section 05 Windows 11にサインインする 　　42

Windows 11にサインインする

Section 06 Windows 11をスリープ／終了する 　　44

[スタート]メニューからスリープする
[スタート]メニューからシャットダウンする
Windows 11を再起動する

第 2 章 Windows 11の基本操作を知る 47

Section 07 Windows 11の画面を確認する 48

Windows 11のデスクトップ
アプリとウィンドウ

Section 08 タスクバーってどんなもの？ 50

タスクバー上にあるもの
タスクバーでできること

Section 09 通知とクイック設定を表示する 52

ミニカレンダーを表示する
通知を見る
クイック設定を見る

Section 10 [スタート]メニューからアプリを起動する 56

[スタート]メニューを表示する
[スタート]メニューの各部名称
[すべてのアプリ]から起動する
ピン留めされたアプリを起動する

Section 11 ウィンドウを移動、サイズ変更する 60

ウィンドウの各部名称
ウィンドウを移動する
ドラッグしてサイズを変える
ウィンドウを最大化／最小化する

Section 12 アプリを切り替える 64

タスクバーでウィンドウを切り替える
Alt + Tab キーを押して切り替える

Section 13 アプリを終了する 66

[閉じる]ボタンで終了する
タスクバーから終了する

Section 14 「設定」アプリでタスクバーなどの設定を変更する 68

「設定」アプリを起動する
[スタート]ボタンを左寄せにする
[スタート]メニューの設定を変える

11

Section 15 アプリをさらにすばやく起動する 72

アプリを検索して起動する
[スタート]メニューにピン留めする
タスクバーにピン留めする

Section 16 複数のアプリをすばやく並べて配置する 76

ウィンドウを左右に並べる
スナップレイアウトでウィンドウを並べる

第3章 文字入力の基本をマスターする 79

Section 17 テキストを入力する 80

キーボードの使い方
他のキーと組み合わせて使う特殊キー
英数字入力と日本語入力
英数字を入力する
大文字や記号を交ぜて入力する

Section 18 日本語の文章を入力する 84

日本語を変換しながら入力する
文節の区切りを変える
入力中に間違いに気付いたときは？

Section 19 ファンクションキーで文字種を変換する 88

半角英数字に変換する
カタカナ、ひらがなに変換する

Section 20 テキストを編集する 90

カーソルをすばやく行頭・行末に移動する
文字を削除する
範囲を選択する
選択範囲を差し替える

Section 21 文字を移動／コピーする 94

文字を移動する
文字をコピーする

Section 22 アプリ間で移動／コピーする　　96

メモ帳を複数起動する
他のメモ帳にコピーする

Section 23 入力したテキストを保存する　　98

名前を付けて保存する
少し修正して上書き保存する

Section 24 日本語の入力を高速化する　　100

単語を登録する
英数字入力／日本語入力の切り替えキーを変更する

Section 25 ショートカットキーで操作をスピードアップする　　102

ショートカットキーを確認して使う

第4章 ファイルとフォルダーを自在に扱う　103

Section 26 ファイルとフォルダーを知ろう　　104

データはファイルとして保存される
ファイルはフォルダーで整理される

Section 27 エクスプローラーでファイルを探す　　106

エクスプローラーを起動する
エクスプローラーの画面構成

Section 28 ファイル名を変更する　　108

ファイル名と拡張子
わかりやすい名前に変更する

Section 29 フォルダーを作成する　　110

フォルダーを作成する
フォルダーを開く（エクスプローラーの階層を移動する）

Section 30 ファイルやフォルダーをコピー／移動／削除する　　112

フォルダーにファイルを移動する
ファイルを複製する
ファイルを削除する
削除したファイルを元に戻す

エクスプローラーをもう1つ開く
ドラッグ＆ドロップで移動／コピーする

Section 31 ファイルの表示形式を変更する　　　116

アイコン表示や詳細表示に切り替える
ファイルを並べ替える

Section 32 ファイルを検索する　　　118

フォルダー内のファイルを探す
タスクバーから検索する

Section 33 タブを使って複数のフォルダーを同時に開く　　　120

タブを追加する
他のタブにファイルをドラッグ&ドロップする

Section 34 よく使うフォルダーを固定する　　　122

クイックアクセスにピン留めする
クイックアクセスからピン留めを外す

Section 35 ファイルを圧縮／展開する　　　124

ファイルを圧縮する
ZIPファイルの中身を確認する
ZIPファイルを展開する

第 5 章　インターネットを快適に利用する　　　127

Section 36 パソコンをインターネットにつなげるには　　　128

パソコンをインターネットに接続するまでの流れ
インターネットへの接続方法

Section 37 Wi-Fiや有線LANに接続する　　　130

クイック設定からWi-Fiに接続する
有線LANに接続する

Section 38 WebブラウザーのEdgeを起動する　　　132

Edgeを起動する
Edgeにサインインする

Section 39 Webページを閲覧する 134

URLを指定してWebページを表示する
リンク先のWebページを表示する

Section 40 Webページを検索する 136

スタートページの検索ボックスで検索する
Edgeのアドレスバーで検索する

Section 41 タブを使ってWebページを閲覧する 138

新しいタブを追加する
タブを切り替える
リンク先のWebページを新しいタブに表示する
タブを縦に並べる

Section 42 Webページを拡大／縮小する 142

Webページを拡大表示する
Webページを全画面表示する

Section 43 検索エンジンをGoogleに変更する 144

検索エンジンを変更する

Section 44 Webページをお気に入りに登録する 146

Webページを「お気に入りバー」に登録する
「お気に入りバー」を常に表示する
Webページを「その他のお気に入り」に登録する
「その他のお気に入り」に登録したWebページを表示する

Section 45 情報をコレクションする 150

新しいコレクションを作成する
コレクションに画像や文章を保存する
YouTubeの動画をコレクションに保存する

Section 46 外国語のWebページを翻訳して読む 154

外国語のWebページを日本語に翻訳する
日本語に翻訳したWebページの言語を元に戻す

Section 47 インターネットからファイルをダウンロードする 156

ファイルをダウンロードする
ダウンロードするときの動作を変更する

15

Section 48 インターネットとセキュリティ 158

インターネット上の危険とWindowsセキュリティ
Windowsセキュリティを確認する
Windowsセキュリティの機能を有効にする

第6章 コミュニケーションツールを活用する 161

Section 49 メールについて知ろう 162

コミュニケーション手段は使い分ける時代に
メールの仕組みは2通りある

Section 50 Outlookを起動する 164

Outlookを起動する
Outlookの各部名称

Section 51 Outlookを利用するための準備をする 166

メールアドレスを設定するために必要な情報
プロバイダーや会社のメールアドレスを設定する

Section 52 メールを送信する 170

新しいメールを送信する
署名を編集する

Section 53 複数人にメールを送信する 172

複数人にまとめてメールを送信する
CCやBCCを使って複数人にまとめてメールを送信する

Section 54 メールにファイルを添付する 174

ファイルを添付する

Section 55 メールを受信する 176

受信したメールを表示する
メールの添付ファイルを保存する

Section 56 メールに返信する 178

メールに返信する
メールを転送する

Section 57 Gmailを Outlookで利用する　180

Googleアカウントを取得する
GmailアカウントをOutlookに追加する

Section 58 迷惑メールに対処するには　186

迷惑メールの危険性
通常のメールと判断されたメールを迷惑メールに設定する

Section 59 ビデオ会議でコミュニケーションする　188

Window11でのビデオ会議「Teams」
ビデオ会議を開催する
招待されたビデオ会議に参加する
自分の画面を会議参加者と共有する

第7章 クラウドサービスを使いこなす　193

Section 60 クラウドサービスとは　194

クラウドコンピューティングとは
さまざまなクラウドサービス

Section 61 OneDriveでファイルを同期する　196

OneDriveとは？
同期されたファイルを確認する
OneDriveの設定を確認する
OneDriveの利用を停止する

Section 62 WebブラウザーでOneDriveを利用する　200

OneDriveのサイトに接続する
ファイルをダウンロードする

Section 63 OneDriveを使ってファイルをやりとりする　202

ファイルの共有リンクを作成する
共有リンクを開く
共有を停止する

Section **64** Microsoft Storeを利用する　　206

Microsoft Storeとは？
アプリを検索してインストールする
アプリをアップデートする
アプリをアンインストールする

第 **8** 章　AIアシスタントを利用する　　211

Section **65** AIアシスタントとは　　212

AIアシスタントとは？
Copilotができること

Section **66** Copilotを使うには　　214

Copilotの起動方法
Copilotの画面構成

Section **67** 文書や画像を生成する　　216

文章のひな形を作成する
メールの返信文を作成する
企画のアイディアを出す
画像を生成する

Section **68** 文章を要約／修正する　　220

文章を要約する
誤字や表記揺れを修正する
文章の改善点を提案させる

Section **69** 画像を検索する　　224

画像の情報を検索する
画面内の文字を読み取る

Section **70** より正確な答えを生成させるコツ　　226

より正確な答えを生成させる指示の作り方

第9章 写真や動画を取り込んで編集する 227

Section 71 「フォト」アプリとは 228

「フォト」アプリを起動する
「フォト」アプリの画面構成

Section 72 カメラやスマートフォンから写真を取り込む 230

カメラやスマートフォンをパソコンに接続する
写真を取り込む

Section 73 クラウドサービスを利用して写真を取り込む 234

「OneDrive」アプリを用意する
撮影した写真をパソコンと共有する

Section 74 「フォト」アプリで写真を整理整頓する 236

写真を大きく表示する
写真を削除する
「フォト」アプリでフォルダーを操作する

Section 75 写真の色合いや明るさを変更／調整する 240

フィルターで写真の雰囲気を変える
明るさや色合いを手動で調整する

Section 76 写真をトリミング／補正する 242

写真の不要部分をカットして被写体を大きく見せる
被写体の傾きを補正する

Section 77 Clipchampで動画を編集する 244

動画の作成を開始する
動画素材を追加する
動画をトリミングして分割する
編集した動画を書き出す

第10章 さまざまな周辺機器を使用する 249

Section 78 周辺機器にはどんなものがある？ 250

パソコンは周辺機器がとにかく豊富
周辺機器を接続するポートの種類

Section 79 USBメモリでファイルを持ち運ぶ 252

USBメモリの中身を表示する
ファイルをドラッグ＆ドロップでUSBメモリにコピーする

Section 80 プリンターを接続して印刷する 254

プリンターを接続する
既定のプリンターに設定する

Section 81 光学ドライブで光ディスクにファイルを書き込む 256

光ディスクにファイルを保存する

Section 82 Bluetooth機器を無線接続する 258

パソコンを待機状態にする
パソコンとBluetooth機器をペアリングする

Section 83 タッチPCの操作をマスターする 260

タッチPCでファイルを操作する
ウィンドウを操作する
タッチキーボードの操作
クイック設定から回転ロックを表示する

Section 84 スマートフォンとパソコンを連携する 264

「スマートフォン」連携とは？
スマートフォン連携でできること

第11章 Windows 11を使いこなすテクニック 265

Section 85 画面とマウスを使いやすく設定する 266

テーマを変更する
画面の解像度を変更する
マウスを使いやすく調整する

Section 86 ウィジェットを利用する 270

ウィジェットを表示する
ニュースを閲覧する
ウィジェットを追加する
新しいウィジェットを入手する

Section 87 仮想デスクトップを使う 274

新しいデスクトップを作成する
他のデスクトップのウィンドウを選択する
他のデスクトップにウィンドウを移動する
すべてのデスクトップに同じウィンドウを表示する

Section 88 クリップボードの履歴を利用する 278

クリップボードの履歴を有効にする
クリップボードの履歴からデータを貼り付ける

Section 89 セキュリティを向上させる 280

「アカウント」画面を表示する
PINを強化する
指紋認識を設定する

Section 90 アプリの画面を画像で保存する 284

Snipping Toolを起動する
スクリーンショットを保存する

Section 91 アプリの画面を動画で撮る 286

Game Barを起動する
アプリの画面を録画する

21

Section 92 **ユーザーを追加してパソコンを使い分ける** 288

    Microsoftアカウントを追加する
    他のユーザーアカウントに切り替える
    アカウントの権限を変更する

Section 93 **Windowsをアップデートする** 292

    Windows Updateの更新状況を確認する
    Windows Updateを手動で確認する

困ったときのQ&A   294

- Q1 ストレージの空きが少なくなってきたら
- Q2 パソコンの動作が異様に遅くなったときは
- Q3 インターネットにつながらない
- Q4 バッテリーを長持ちさせたい
- Q5 画面がまぶしい、暗い
- Q6 通知が多すぎて気が散る
- Q7 ファイルとアプリの関連付けを変更したい
- Q8 サインインのパスワードを忘れた
- Q9 キーボードがおかしくなった
- Q10 コントロールパネルを表示したい
- Q11 以前ダウンロードしたフリーソフトが見つからない
- Q12 Webブラウザーの履歴を消したい
- Q13 共有フォルダーがエクスプローラーに表示されない
- Q14 ZIPファイルを開いたら文字化けしていた
- Q15 パソコンを初期状態に戻したい
- Q16 OneDriveの設定を変えたらファイルが消えた？
- Q17 周辺機器を挿したのに動かない

Window11へのアップグレード	312
ローマ字／かな対応表	314
用語集	316
索引	320

第 1 章

Windows 11を使い始める

　Windows 10の最初のリリースから6年振りのメジャーバージョンアップとなったWindows 11。まずは、Windowsの特徴や、2024年10月にリリースされた最新の「Windows 11 バージョン2024」での便利な機能や新しいサービスなどを紹介していきます。そのあとは、Windows 11のインストール直後に行う「初期設定」を中心に、サインインや終了、再起動といった、Windows 11の使用前や使用後に行う操作について解説します。

Section 01　▶ Windows ってどんなもの？

Section 02　▶ Windows 11 は何が新しくなった？

Section 03　▶ Windows 11 を初期設定する

Section 04　▶ Microsoft アカウントを新規取得する

Section 05　▶ Windows 11 にサインインする

Section 06　▶ Windows 11 をスリープ／終了する

Section 01

Windowsってどんなもの？

ここで学ぶのは
- Windowsとは
- OSとは
- 利用できるアプリ

「スマートフォンで何でもできる」といわれることも多い昨今ですが、こと仕事に限っていえば、今でもメインで使われるのはパソコン、そしてWindowsです。まずは「なぜWindowsパソコンが使われているのか」というあたりから説明していきましょう。

1 パソコンが使われる理由

一般に「スマートフォンはモノを見るのは快適だけど、モノを作ることはできない」といわれます。例外もありますが、少なくとも仕事においてそれは事実です。パソコンは、大きな画面にさまざまな資料を並べて表示し、キーボードから大量のテキストを入力しながら、マウスを使って指よりも細かい操作ができるからです。趣味の世界でも、ある程度以上本格的になってくると、スマートフォンよりパソコンのほうが向いています。

本書で解説する**Windows（ウィンドウズ）**はマイクロソフト製のパソコン用OS（Operating System、オーエス）です。OSとはアプリ（アプリケーション）を動かす環境を用意する基本ソフトウェアのことで、世界中のパソコンの7割近くがWindowsを搭載しているといわれています。Windowsがこれほど多くのパソコンで使われる理由は、主に次の2つです。

- WordやExcel、PowerPointなどの仕事で使われるアプリが動く。もちろん動画編集やゲームなどのアプリも豊富
- 安いものから高いものまで多種多様なハードウェア（コンピューターの機械部分のこと）に搭載できる

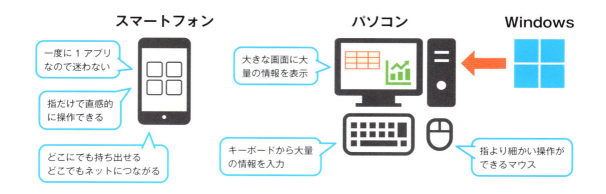

2 Windowsの魅力は対応アプリの豊富さ

Windowsの最大の魅力の1つであり、多くのユーザーにとって使う動機になっているのが、対応アプリの豊富さです。ビジネスアプリの代表格であるWord（ワード）、Excel（エクセル）、PowerPoint（パワーポイント）を含むMicrosoft 365（マイクロソフト サンロクゴ）はもちろん、画像や動画編集などのクリエイティブ系アプリも充実しており、死角はありません。近年では本格的なゲームプラットフォームとしての存在感も高まっています。

ビジネスアプリの代表格 Microsoft 365

本格的なものから手軽なものまでたくさんのゲームで遊べる

3 多種多様なパソコンから自分に合うものを選べる

多種多様なハードウェアが揃っている点もWindowsが選ばれる理由です。単なるノート、デスクトップといった区分にとらわれず、超薄型でスタイリッシュ、拡張性に優れた大型デスクトップ、タブレットとしても使える2in1、すべてが揃ってすぐに使い始められるオールインワン型など、他OS搭載機では真似ができない機種バリエーションの多彩さは、自分のスタイルに合わせてパソコンを選びたいユーザーに好評を博しています。右画像は、2in1タイプのパソコンです（Dell Inspiron 14 5406 (2-in-1)）。

Section

02

Windows 11は
何が新しくなった？

ここで学ぶのは

▶ ハードウェア要件
▶ インターフェースの変更
▶ 新しいアプリや機能

Windows 11は、2015年から長く続いたWindows 10に代わる新しいWindowsです。使い勝手の向上もさることながら、インストールできるパソコンの性能が引き上げられたことも、大きな変更点です。あまり古いパソコンでは利用できないものの、より快適かつ安全に使えるOSへと進化しています。

1 ハードウェアでセキュリティを向上させる

Windows 11の最大のトピックは、実はハードウェア要件が引き上げられたことかもしれません。1ギガヘルツ（GHz）以上で2コアの64ビット互換プロセッサ（CPU）、4ギガバイト（GB）以上のメインメモリ、64GB以上のストレージ、TPM 2.0（後述）が必須となっており、Windows 10が動作するパソコンでもインストールできないことがあります。この中で特に重要なのがTPM（Trusted Platform Module）2.0です。これは暗号化などの機能を持ったパーツで、パソコンのセキュリティを向上させる働きを持ちます。

コンピューターの性能が上がれば、それだけ不正アクセスの手口も高度化します。高度化した不正アクセスから自分を守るためには、OSやアプリなどのソフトウェアだけでなく、ハードウェアも協調した新しいセキュリティ機能が必要となります。それがTPM 2.0などの要件です。

「OSのハードウェア要件が引き上げられた」と聞くと、どうしても無駄にぜいたくになったように感じがちです。しかしこれは、「Windows 11搭載パソコンであれば一定以上の安全性が保証される」という線引きと捉えるべきでしょう。

Windows 11

| 64ビット互換プロセッサ 2コア以上 | ストレージ 64GB以上 | メモリ 4GB以上 | TPM 2.0 |

セキュリティ上の危険

高度化した不正アクセスから守る

2 生成AI「Copilot」を手軽に利用できる

「Copilot」はMicrosoftの生成AI機能に与えられるブランド名です。2024年10月の執筆時点で、Windowsに内蔵にされているアプリ版のCopilot、Webブラウザで利用できるBing版のCopilot、個人向けの最新のAIモデルに優先アクセスできるMicrosoft Copilot Pro、Microsoft365 アプリケーションに組み込まれたMicrosoft 365 Copilotの4種類が展開されています。Copilotは、日本語や英語の文章や、Pythonなどのプログラミング言語のスクリプト、イラストなど、さまざまなものを生成できます（8章参照）。WindowsにCopilotが搭載されたのは、2023年公開のバージョン23H2からです。この時点ではCopilotを利用してアプリの起動などの簡単な操作ができましたが、24H2ではWindowsの操作は廃止され、生成のみに変更されました。機能的には、Webブラウザ上で利用できるBing版のCopilotとほとんど同じです。これは次に説明するCopilot+PCとの差別化を図ったものかもしれません。

指示に対応した文章や画像が生成される

3 未来のパソコン、Copilot+ PC

生成AIの推論処理には、一般的なパソコンよりはるかに高い演算能力が求められます。そのため、生成AIサービスの多くは、インターネットの生成AIモデルと通信して、生成結果を得るシステム構成になっています。それはCopilotも変わりません。インターネットと通信するために、回答を得るまでに数秒〜数十秒ほどの時間がかかります。Microsoftが新たに提唱しているCopilot+PCでは、パソコンにNPU（Neural Processing Unit）を内蔵し、パソコンだけで生成AIの推論処理が実現します。ただし、Copilot+PC対応パソコンの導入が前提となるため、普及は数年掛かりとなりそうです。バージョン24H2にはCopilot+PC上のみで利用可能になる機能がいくつかありますが、これらも時間を掛けて充実していくと思われます。

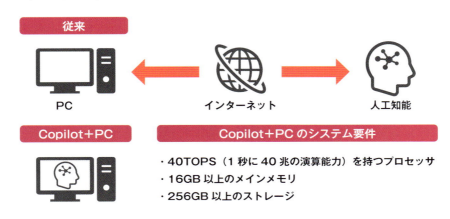

4 タッチでもマウスでも使いやすいインターフェース

Windows 8以降、マイクロソフトは指でも操作できるタッチPCへの挑戦を続けてきました。しかし、Windows 8の頃にタッチPCに飛びついた人ならご存じだと思いますが、当時はタッチ操作可能なアプリが非常に少なく、タッチ対応のストアアプリも普及しない残念な状況でした。それから10年以上が経ち、現在ではタッチ操作しやすいゆったりしたインターフェースのアプリが主流となっています。Windows 11の[スタート]メニューも、スマートフォンのデザインを取り込みつつ、マウスやキーボードで操作しても違和感がないものに進化しました。

スマートフォンのホーム画面を思わせる新しい[スタート]メニューが中央に表示されます（左揃えにも変更可能）。

5 ワイド画面を生かすスナップレイアウト

パソコン用のディスプレイは、16:9や16:10などのワイド画面が主流です。それを生かすには、アプリのウィンドウを横に並べる必要がありますが、それを手早く行うのが、新機能のスナップレイアウトです。デスクトップ上部にウィンドウをドラッグするという直感的な操作で実行できます。

ウィンドウを上にドラッグして、レイアウトを指定してウィンドウを並べます。

6 タブ化したエクスプローラー

ファイルを管理する「エクスプローラー」にも細かな改良が施されています。Microsoft Officeゆずりのリボンインターフェースに変わり、コンパクトなツールバーに変わりました。また、すぐには気付きにくい改良ですが、ファイルアイコンを右クリックしたときに表示されるメニュー（ショートカットメニュー）が、短くなっています。最大の改良点がタブ式になったことで、Webブラウザのように複数のフォルダーを切り替えながら作業できます。

エクスプローラーはタブでフォルダーを切り替えできるようになり、

右クリックメニューにも地味ながら便利な改良が施されました。

7 独立したウィジェット

Windows 10では［スタート］メニューに「ライブタイル」が配置されていましたが、Windows 11ではそれが廃止され、代わりに追加されたものがウィジェットです。天気やニュース、カレンダー、ToDoリストなどさまざまな情報を表示できます。

ウィジェットもタスクバーから呼び出せます。

Section 03

Windows 11を初期設定する

ここで学ぶのは
- Windows 11 の初期設定
- ネットワーク接続設定
- プライバシー設定

パソコンの電源を初めて入れると、**Windows 11の初期設定**が始まります。順番に設定を進めていきましょう。言語やネットワークの設定など必須の手順はありますが、一部の設定はスキップしてあとから設定することも可能です。完了するまで時間がかかるため、ノートパソコンは電源をコンセントにつないでおくと安心です。

1 言語やキーボードを選択する

解説　Windows 11 の初期設定

購入したWindowsパソコンを初めて起動したときや、自分でOSのインストールを行ったときに、Windows 11の初期設定が始まります。主な設定内容は次のとおりです。

- ネットワークへの接続設定
- アカウントの設定
- サインインに使用するPINの設定

初期設定が完了するとWindows 11へのサインイン画面が表示され、実際に使い始められるようになります。

Memo　HomeとProで初期設定の流れが異なる

Windows 11には家庭向けのHomeとビジネス向けのProの2つのエディション（版）があります。初期設定に関しては、Proは組織で決められた設定を取り込むことができるという違いがあります（32ページのMemo参照）。

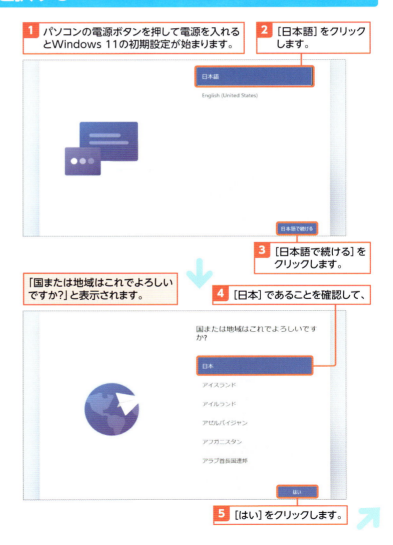

1 パソコンの電源ボタンを押して電源を入れるとWindows 11の初期設定が始まります。

2 ［日本語］をクリックします。

3 ［日本語で続ける］をクリックします。

「国または地域はこれでよろしいですか？」と表示されます。

4 ［日本］であることを確認して、

5 ［はい］をクリックします。

Key word　キーボードレイアウトまたは入力方式

国によってキーボードのキー配列や入力方式が異なります。日本では日本語配列のキーボードを使い、日本語入力システムを使ってカナや漢字に変換しながら文章を入力していきます。Windows 11には初期状態でMicrosoft IMEという入力システムが付属しており、初期設定時に選択します。Microsoft IMEの使い方は第3章で解説します。

Memo　キーボードの設定はあとから変更できる

キーボードレイアウトや入力方式は複数追加することも可能です。ただ、初期設定では［Microsoft IME］を選択していれば進められるため、ここでは［スキップ］をクリックしています。

「これは正しいキーボードレイアウトまたは入力方式ですか?」と表示されます。

6 ［Microsoft IME］が表示されていることを確認し、

7 ［はい］をクリックします。

「2つ目のキーボードレイアウトを追加しますか?」と表示されます。

8 ［スキップ］をクリックします。

2　Wi-Fiに接続する

解説　有線接続とWi-Fi

ネットワークの接続方法には、LANケーブルを使う有線接続と、無線を使うWi-Fi（ワイファイ）があります。Wi-Fiで接続する場合は、接続先のWi-Fiネットワーク名（SSID）とそのパスワードを設定する必要があるため、それを入力する画面が表示されます。あらかじめパソコンを有線接続した状態で初期設定を始めた場合は、［次へ］をクリックしてライセンス契約の画面に進みます。

「ネットワークに接続しましょう」と表示されます。

1 使用するWi-Fiのネットワーク名をクリックします。

Wi-Fiのネットワーク名とパスワードを控えておこう

初期設定がスムーズに進むよう、事前にWi-Fiの接続情報を控えておきましょう。たいていの家庭用のWi-Fiルーターは、本体のどこかに出荷時に決められたネットワーク名とパスワードが書かれているので、それを使用できます。

ネットワーク接続設定はあとから変更できる

初期設定では、Microsoftアカウントの設定やWindows 11のアップデート確認のためにWi-Fiなどのネットワーク接続を求められます。ネットワーク接続の設定は、初期設定完了後に［クイック設定］から切り替えることもできます（130ページ参照）。

Proは組織の設定を取り込める

Windows 11のProエディションでは、次ページのパソコンの名前を決めたところで2つの選択肢が表示されます。［職場または学校用に設定する］を選択すると、組織の設定を取り込むことができます。

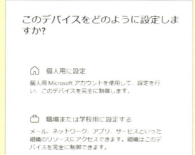

2 今後もよく使うWi-Fiであれば［自動的に接続］にチェックマークを付けます。

3 ［接続］をクリックします。

4 使用するWi-Fiネットワークのパスワードを入力します。

5 ［次へ］をクリックします。

ネットワーク名の下に「接続済み」と表示されます。

6 ［次へ］をクリックします。

Memo　Windows 11のアップデートが行われる

初期設定でネットワークに接続する理由の1つは、Windows 11をなるべく最新の状態にアップデートすることです。Windows 11は定期的にOSの問題点を解決するアップデートが行われており、使い始めたあとも自動的に行われます（292ページ参照）。アップデートには時間がかかることもあるので、終わるまでしばらく待ちましょう。場合によってはパソコンが再起動することもあります。

解説　ライセンス契約の画面

ライセンス契約の画面は、使用するパソコンのメーカーによって表示される内容が異なります。特にそれで操作手順が変わることもないので、一通り確認したあと、[同意]をクリックします。

解説　パソコンの名前

パソコンが複数台あり、区別する必要がある場合は、パソコンの名前を設定しましょう。名前の長さは15文字までで、スペースや一部の特殊記号が使用できないため注意しましょう。特に名前を付ける必要がなければ、[今はスキップ]をクリックしてスキップしてもかまいません。スキップした場合は、パソコンには「DESKTOP-XXXXX」のような名前が自動的に付けられます。

7 「更新プログラムをチェックしています。」と表示されるため、そのまま待ちます。

「ライセンス契約をご確認ください。」と表示されます。

8 表示されている内容を確認します。見えない部分はスクロールすると確認できます。

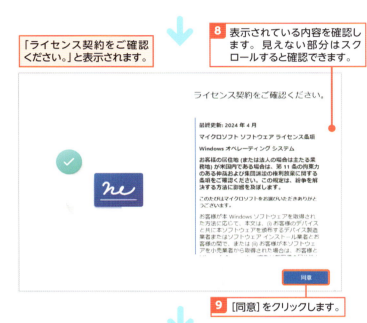

9 [同意]をクリックします。

「デバイスに名前を付けましょう」と表示されます。

10 必要ならパソコンの名前を入力します。

11 [次へ]か[今はスキップ]をクリックします。

3 Microsoft アカウントを入力する

Key word　Microsoft アカウント

Microsoft アカウントは、Windows 11 をはじめとするマイクロソフトの製品やサービスを利用する際に必要な、ユーザーの識別情報です。Windows 11 では、基本的に Microsoft アカウントが必要です。すでに持っている場合はそれを入力してください。まだ持っていない場合は、メールアドレスとパスワードを登録することで、無料で作成できます（40 ページ参照）。

Memo　Windows Hello の初期設定

Windows Hello とは、Windows 11 で使用できる生体認証機能です。
次ページで作成する PIN のほかに、指紋認証や顔認証でデバイスにサインインできます。対応機種であれば、PIN の設定画面の前に、指紋や顔のセットアップ画面が表示されます。必要であれば、登録しましょう。

Key word　PIN

次ページで作成する「PIN（ピン）」とは、パソコンにサインインする際に使用する、4 桁以上の数字で構成された暗証番号のことです。PIN ではなく Microsoft アカウントのパスワードでサインインすることも可能です。ただし、パスワードが漏れると、それに紐付けられたすべてのサービスやアプリを利用できてしまい、被害が甚大です。その点、PIN はそれを設定したパソコンでしか使えないという特徴があります。そのため、パソコンへのサインインには専用の PIN を使うことが推奨されています。

「Windowsの更新プログラムを確認しています」と表示されたあとに、「Microsoftエクスペリエンスのロックを解除する」と表示されます。

1 [サインイン]をクリックします。

「Microsoftアカウントを追加しましょう」と表示されます。

2 パソコンで使用するMicrosoftアカウントのメールアドレスを入力します。

3 [次へ]をクリックします。

4 Microsoftアカウントのパスワードを入力します。

5 [サインイン]をクリックします。

Memo　英字と記号も使用可能

初期設定では、PINに設定できるのは数字のみですが、英字と記号も使用することができます。また、PINの代わりにパスワードによるサインインも可能ですが、禁止することもできます（281ページ参照）。

解説　プライバシー設定

プライバシー設定では、有効にすると便利ではあるものの、個人のプライバシーを侵害する可能性がある機能について設定していきます。大半はスマートフォンでおなじみの機能ですが、パソコンでも必要かどうかを検討して選択しましょう。

- **位置情報**
  パソコンの現在位置をインターネット上のサービスで共有する機能です。「マップ」アプリの経路検索などに使用されます。

- **デバイスの検索**
  紛失したパソコンを検索する機能です。

- **診断データ**
  パソコンに障害が発生した場合の情報を、マイクロソフトと共有する機能です。

- **手書き入力とタイプ入力**
  手書き入力とタイプ入力の診断データを、マイクロソフトと共有する機能です。

- **エクスペリエンス調整**
  閲覧したWebサイトの情報をもとに、ヒントや広告などを表示します。

- **広告識別子**
  ユーザーの嗜好に合わせた広告を表示します。

「PINを作成します」と表示されます。

6 [PINの作成]をクリックします。

7 PINに設定したい数字を4桁以上入力します。

8 確認のため、同じ数字をもう一度入力します。

9 [OK]をクリックします。

「デバイスのプライバシー設定の選択」と表示されます。

10 表示されている内容を確認します。見えない部分はスクロールするか、[次へ]をクリックすると確認できます。

11 [同意]をクリックします。

4 各種設定を行う

解説　古いパソコンの設定を取り込める

入力したMicrosoftアカウントが、過去に他のパソコンで使用したものであった場合、OneDriveから設定を取り込むことができます。OneDriveはマイクロソフトのクラウドストレージサービスです（196ページ参照）。復元するPCを選択し、[このPCから復元する]をクリックすると、Windowsの設定やMicrosoft Store（206ページ参照）からインストールしたアプリなどが初期設定時に復元されます。設定を取り込む必要がない場合は、[新しいPCとしてセットアップする]をクリックしてください。

注意　自動バックアップ機能

バージョン24H2で、Windowsの初期設定を行うと、パソコン内のファイルが自動でOneDriveにバックアップされるようになりました。これにより、ファイルを保存するたびにOneDriveにも自動でバックアップされるため、OneDriveのストレージ容量を圧迫しやすくなります。
OneDriveへのバックアップが不要な場合は、199ページを参照して設定を変更しましょう。

解説　エクスペリエンスのカスタマイズ

エクスペリエンスのカスタマイズ画面では、パソコンの用途などを指定できます。スキップしても問題はありません。

過去に他のパソコンで使ったMicrosoftアカウントであれば、この画面が表示されます。

1 [その他のオプション]をクリックします。

2 [新しいPCとしてセットアップする]をクリックします。

Windows11を起動するための準備が始まります。

「エクスペリエンスをカスタマイズしましょう」と表示されます。

3 [スキップ]をクリックします。

解説　Microsoft Edge と他のブラウザーの同期

[常に最近の閲覧データにアクセスできます]画面では、Microsoft Edge（132ページ参照）に、Chromeなど他のWebブラウザーアプリがもつ閲覧データへのアクセスを許可できます。

Key word　PC Game Pass

「PC Game Pass」とは、マイクロソフトのパソコン用ゲームのサブスクリプションサービスです。月額料金を支払うことにより、提供されているゲームが好きなだけ遊べます。今回は利用しないため、右の手順では[今はしない]をクリックしています。

Memo　追加で設定が表示されることがある

パソコンによっては、右の手順の他にも追加で設定画面が表示されることがあります。追加の設定は、パソコンメーカーのサービスへのユーザー登録やセキュリティ対策ソフトの設定など、パソコンによって異なります。表示された内容をよく確認して設定しましょう。

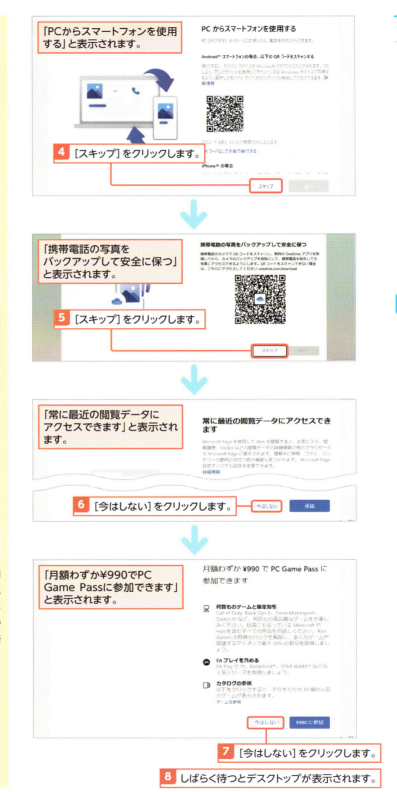

「PCからスマートフォンを使用する」と表示されます。

4　[スキップ]をクリックします。

「携帯電話の写真をバックアップして安全に保つ」と表示されます。

5　[スキップ]をクリックします。

「常に最近の閲覧データにアクセスできます」と表示されます。

6　[今はしない]をクリックします。

「月額わずか¥990でPC Game Passに参加できます」と表示されます。

7　[今はしない]をクリックします。

8　しばらく待つとデスクトップが表示されます。

Section 04 Microsoftアカウントを新規取得する

ここで学ぶのは
- Microsoft アカウント
- Microsoft アカウントの利用
- Microsoft アカウントの作成

Windows 11の初期設定を行うには、**Microsoftアカウント**が必要になります。Microsoftアカウントを持っていない場合は、初期設定時に作成できるので作成しておきましょう。アカウント作成時はメールアドレスを使用しますが、既存のメールアドレスを利用するだけでなく、新しく作成することも可能です。

1 アカウント＝利用権

パソコンやスマートフォンを使っていると、「**アカウント**」という用語をよく耳にします。アカウントとは、サービスの利用権のことです。アカウントはサービスごとに異なり、ここで紹介するMicrosoftアカウント以外にも、GoogleアカウントやAmazonアカウントなどさまざまなものがあります。

アカウントは通常**ユーザー名（メールアドレスを使うこともあります）**と**パスワード**で構成され、これらを入力して**サインイン（ログイン）**すると、サービスを享受できます。ユーザー名は他人に知られても問題ありませんが、パスワードが漏れるとサービスを利用できてしまうため、他人に教えないようにしましょう。

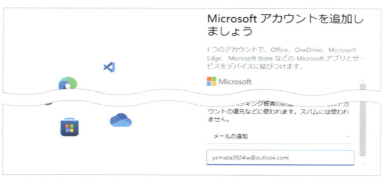

アカウントを作成してサインイン（ログイン）すると……

さまざまなサービスが利用できるようになります。

2 Microsoftアカウントでできること

マイクロソフト製品の管理ができる

Microsoftアカウントでは、所持しているマイクロソフトの製品やサービスを一元管理できます。Microsoft 365（旧称Microsoft Office）などのアプリはもちろん、パソコンもアカウントに登録して、どのパソコンと紐付いているのかを確認できます。

所持しているマイクロソフト製品をまとめて確認・管理できる

Web上のサービスを利用できる

Microsoftアカウントで利用できるサービスには、ストレージサービスの「OneDrive」、Webメールサービスの「Outlook.com」、WordやExcelの文書をWebブラウザー上で編集できる「Web用Word」「Web用Excel」などがあります。OneDriveについては第7章で、Outlook.comについては169ページで解説しています。

Web上でストレージやメールを利用できる

他のパソコンと設定やアプリを共有できる

Microsoftアカウントを使用してパソコンにサインインしていると、そのパソコンの設定や使用しているアプリの情報などをOneDrive上に保存しておくことができます。新しくパソコンを使うときでも、OneDriveに保存している設定を使用したり、Microsoft Storeからインストールしたアプリ（206ページ参照）を自動的に復元したりすることができます。

他のパソコンと設定を同期できる

3 Windows 11の初期設定時にMicrosoftアカウントを作成する

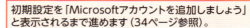

初期設定を「Microsoftアカウントを追加しましょう」と表示されるまで進めます（34ページ参照）。

1 [作成]をクリックします。

2 [新しいメールアドレスを取得]をクリックします。

3 メールアドレスとして設定したい文字を入力します。

4 [次へ]をクリックします。

既存のメールアドレスを使用する

右の手順では新たにメールアドレスを取得していますが、普段使用しているメールアドレスを使ってMicrosoftアカウントを作成することも可能です（ただし、職場や学校のメールアドレスは使えません）。既存のメールアドレスを使用する場合は、手順2の画面の入力欄にメールアドレスを入力して[次へ]をクリックします。メールアドレスを入力するとパスワードの作成画面に移るので、パスワードを入力してアカウントの作成を進めます（右ページ参照）。

メールアドレスで使える文字

Microsoftアカウントのメールアドレスには、半角英数字のほか、半角記号のハイフン(-)、ピリオド(.)、下線(_)が使用できます。

登録済みのメールアドレスは設定できない

メールアドレスはアカウントを区別するためのものですから、すでに誰かが取得しているものは使えません。「既にだれかに使われています。」と表示された場合は、別のメールアドレスを使用するか、新しくメールアドレスを作成しましょう。

Memo｜マイクロソフト製品に関するメールを受信したい場合

パスワードの入力欄の下に表示されている［Microsoftの製品とサービスに関する情報、ヒント、およびキャンペーンのメール受信を希望します。］は、オンにしてもオフにしても、初期設定に差し支えはありません。マイクロソフトから製品に関するメールを受信したい場合は、チェックボックスをクリックしてオンにし、［次へ］をクリックします。

5 設定したいパスワードを入力します。　**6** ［次へ］をクリックします。

4 名前と国／地域、生年月日を登録する

注意｜18歳未満のユーザーは一部のサービスが制限される

Microsoftアカウントに登録できる年齢に制限はありません。ただし18歳未満のユーザーの場合、一部のアプリやサービスの利用が制限されます。

1 姓と名をそれぞれ入力します。　**2** ［次へ］をクリックします。

使えるプロ技！｜初期設定後にMicrosoftアカウントを追加する

Windows 11には複数のMicrosoftアカウントを追加することができます。1つのパソコンを家族で共有する場合などに設定しましょう（288ページ参照）。

3 ［日本］が選択されていることを確認します。　**4** ［年］［月］［日］をそれぞれクリックして、自分の生年月日を選択します。

Memo｜セキュリティ情報の追加

生年月日の設定画面で［次へ］をクリックすると、セキュリティ情報の追加画面が表示されることがあります。その場合は指示に従って、メールアドレスまたは電話番号を登録しましょう。

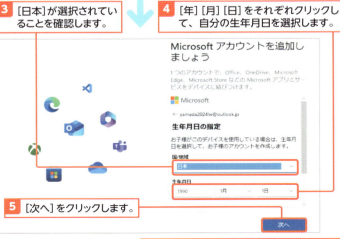

5 ［次へ］をクリックします。

6 PINの作成に進みます（35ページ参照）。

04 Microsoftアカウントを新規取得する

1 Windows 11を使い始める

Section 05

Windows 11に
サインインする

ここで学ぶのは
▶ サインイン
▶ ロック画面
▶ PIN

Windows 11を使い始めるには、パソコンの起動時に正規のユーザーであることを証明しなければいけません。その操作を「サインイン」といいます。サインインするには、初期設定で登録したPINやパスワードが必要です。入力するときは、他人に見られないようにしましょう。

1 Windows 11にサインインする

ロック画面

ロック画面とは、パソコンが操作できないようにロックされている状態で、パソコンに表示している内容や起動しているアプリは見えなくなっています。PINやパスワードを設定している場合は、それらを入力するとロックが解除され、デスクトップが表示されます。

パソコンの電源を入れると、Windows 11のロック画面が表示されます。

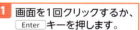
1 画面を1回クリックするか、Enter キーを押します。

Memo ロック画面の画像は自動的に変わる

ロック画面の画像は、初期設定では「Windows スポットライト」に設定されており、画像が日替わりで表示されます。Windows スポットライトとは、世界中の風景や建物などの美しい写真が、ランダムに差し替えられる設定のことです。そのため、ロック画面を表示するたびに表示される画像が変わることがあります。

2 35ページで設定したPINを入力します。

英字や記号を含んだPINの場合は、入力後に Enter キーを押します。

デスクトップの背景画像が自動的に変わることがある

デスクトップの背景画像も、ロック画面同様初期設定では、「Windows スポットライト」が設定されます。デスクトップの背景画像を変更したい場合は、267ページのヒントを参照してください。

3 デスクトップが表示されます。

PINを忘れたときは？

PINを忘れてしまったとき、サインイン画面に［PINを忘れた場合］が表示されている場合は、クリックするとPINを初期化できます。Microsoftアカウントのメールアドレスが自動的に表示されるので、パスワードを入力してサインインすると、現在のPINをリセットして新たなPINを設定できます。

また、サインイン画面に［サインインオプション］が表示されている場合は、PINの代わりにMicrosoftアカウントのパスワードでサインインすることも可能です。サインイン方法を変更するには、［サインインオプション］をクリックし、［Microsoftアカウントのパスワード］（右側のアイコン）をクリックします。なお、「設定」アプリの［サインインオプション］でパスワードによるサインインを禁止することもできます。詳しくは281ページも参照してください。

PINを初期化する

1 ［PINを忘れた場合］をクリックします。

2 サインインするMicrosoft アカウントのパスワードを入力します。

3 ［サインイン］をクリックし、画面の指示に従って手順を進めて新しいPINを設定します。

サインイン方法を変更する

1 ［サインインオプション］をクリックして、

2 サインイン方法を選択します。

Section 06 Windows 11をスリープ／終了する

ここで学ぶのは
- スリープ
- シャットダウン
- 再起動

パソコンを一定時間使わないときは、「スリープ」にして待機状態にするとよいでしょう。スリープを解除すると、パソコンをすぐに使用できます。長い期間使用しない場合は、Windows 11を「シャットダウン」しましょう。また、パソコンが不調なときは終了してすぐに起動する「再起動」を実行します。

1 ［スタート］メニューからスリープする

解説　スリープとシャットダウンの違い

スリープとシャットダウンは、どちらもパソコンをしばらく使わないときに行う操作です。スリープは一時的に消費電力を抑えた待機状態にするため、解除するとすぐに作業を再開できます。シャットダウンはWindows 11とアプリをすべて終了してパソコンの電源を切るため、作業を再開するまでに時間がかかります。

注意　スリープ中のデスクトップパソコンの扱いに注意

ノートパソコンにはバッテリーがあるため、スリープ中にコンセントを抜いても問題ありません。しかしデスクトップパソコンの場合は、スリープ中にコンセントを抜くとWindows 11が不正終了し、障害の原因となることもあります。コンセントを抜く前に、シャットダウンしましょう。

Memo　スリープからの復帰

たいていのパソコンは、操作せずにしばらく放置していると画面が消灯し、一定期間後にスリープ状態に移行します。復帰したい場合は、マウスを動かすか、キーボードのキーやパソコンの電源ボタンを押すとロック画面が表示されるので、サインインします。

1 タスクバーの［スタート］ボタンをクリックします。

2 ［スタート］メニューが表示されます。

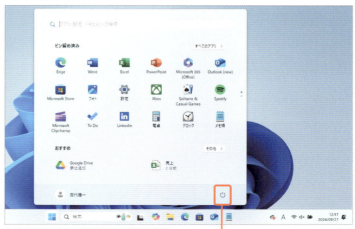

3 ［電源］ボタンをクリックします。

Hint 離席するときはパソコンをロックする

不正アクセスの手法の1つに、離席中のパソコンの画面をのぞき見するというものがあります。休憩などでしばらく席を外すときは、パソコンをスリープするかロックしましょう。右図のメニューで［ロック］をクリックすると、ロック画面に切り替わり、PINを入力しないと操作できなくなります。

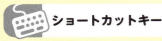

● Windowsのロック
　■+Lキー

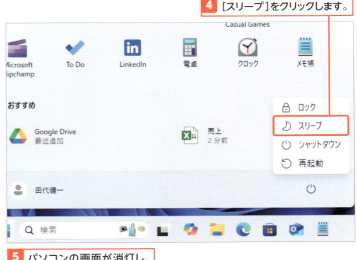

4 ［スリープ］をクリックします。

5 パソコンの画面が消灯し、スリープ状態になります。

2 ［スタート］メニューからシャットダウンする

Hint 保存していないファイルがある場合

保存していないファイルがある場合、Windows 11の終了時に「○つのアプリを閉じて、シャットダウンします」と表示されます。ファイルを保存する場合は、［キャンセル］をクリックしてシャットダウンを中断し、ファイルを保存しましょう。ファイルを保存せずにWindows 11を終了させる場合は、［強制的にシャットダウン］をクリックします。

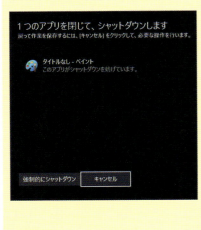

1 タスクバーの［スタート］ボタンをクリックして、［スタート］メニューを表示します。

2 ［電源］ボタンをクリックします。

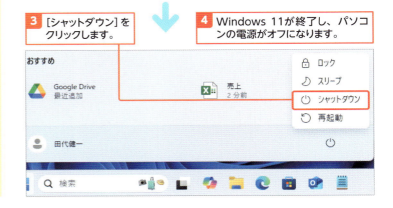

3 ［シャットダウン］をクリックします。

4 Windows 11が終了し、パソコンの電源がオフになります。

3 Windows 11を再起動する

Key word 再起動

再起動とはWindows 11をいったん終了したあと、再び起動することです。Windows Update（292ページ参照）のあとや、OSに影響するアプリをインストールしたときに再起動を求められることがあります。また、再起動すると、「パソコンが重い」などの問題が解決することがあります。再起動時にWindows 11やアプリがすべて終了し、メモリの使用領域が解放されるためです。

Hint 他のユーザーがサインインしている場合

他のユーザーがサインインしている状態（290ページ参照）でパソコンを再起動あるいはシャットダウンすると、「まだ他のユーザーがこのPCを使用しています。」と表示されます。そのまま再起動を行うには、「強制的に再起動」をクリックします。

使えるプロ技！ パソコンの電源がどうしても切れない場合は

まれに不具合などでWindows 11がフリーズ（停止）して、終了や再起動ができなくなることがあります。その場合はパソコンの電源ボタンを数秒間押し続けると、強制的に電源を落とすことができます。ただし、データが破損する恐れもあるため、他に手段がないときにのみ行ってください。

1 タスクバーの[スタート]ボタンをクリックして、[スタート]メニューを表示します。

2 [電源]ボタンをクリックします。

3 [再起動]をクリックします。

4 パソコンの再起動が始まります。

5 再起動が終了すると、ロック画面が表示されます。42ページの方法でサインインします。

第 **2** 章

Windows 11の基本操作を知る

　パソコンの電源をオンにしてWindows 11が起動したら、早速Windows 11を使ってみましょう。この章では、Windows 11の画面各部の名前や、それらの基本的な使い方を説明します。アプリの起動や終了、ウィンドウの移動などの基本的な操作に慣れていきましょう。

Section 07	▶	Windows 11 の画面を確認する
Section 08	▶	タスクバーってどんなもの？
Section 09	▶	通知とクイック設定を表示する
Section 10	▶	［スタート］メニューからアプリを起動する
Section 11	▶	ウィンドウを移動、サイズ変更する
Section 12	▶	アプリを切り替える
Section 13	▶	アプリを終了する
Section 14	▶	「設定」アプリでタスクバーなどの設定を変更する
Section 15	▶	アプリをさらにすばやく起動する
Section 16	▶	複数のアプリをすばやく並べて配置する

Section 07

Windows 11の画面を確認する

ここで学ぶのは
- デスクトップ
- ウィンドウ
- アイコン、ボタン

Windowsの画面は、「机の上」を意味するデスクトップと、「窓」を意味するウィンドウで構成されています。デスクトップやウィンドウの上には「アイコン」や「ボタン」などの部品が配置されており、それを操作して利用していきます。まずはそれぞれの名前と大まかな役割を説明しましょう。

1 Windows 11のデスクトップ

WindowsなどのパソコンOSの多くは、画面を机の上にたとえたユーザーインターフェースを採用しています。画面の最背面（壁紙が表示されているところ）がデスクトップで、その上にアイコン（何らかの機能を表した絵）が配置されています。また、画面下部にはタスクバーが配置されており、ここからアプリの起動や切り替えなどを行うことができます。第2章全体を通して、これらの使い方を説明していきます。

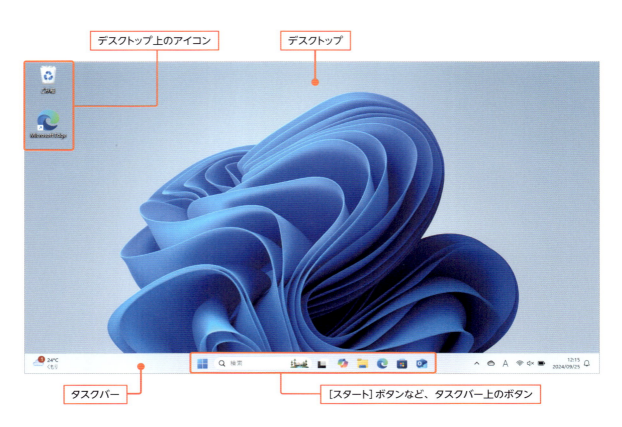

2 アプリとウィンドウ

スマートフォンユーザーだと、アプリは画面全体に表示されるものというイメージがあるかもしれません。Windowsのアプリはそれぞれが**ウィンドウ**と呼ばれる表示領域を持ち、複数のウィンドウを並べて作業できます。指の代わりに**マウスポインター**を操作し、ウィンドウ内のボタンやアイコンをクリックして機能を利用します。Windows 11のウィンドウやボタン、アイコンなどの働きは従来のWindowsと変わりませんが、**タッチ操作がしやすいゆったりしたデザイン**に調整されています。

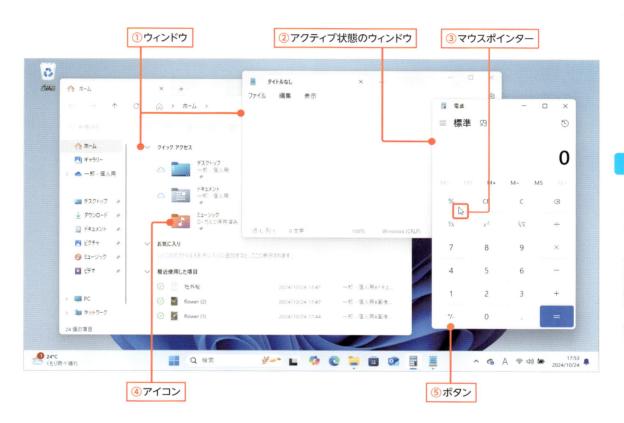

名称	機能
①ウィンドウ	アプリの表示領域です。位置やサイズは自由に調整できます。
②アクティブ状態のウィンドウ	最前面に表示されていて操作対象となっているウィンドウのことを、アクティブ状態のウィンドウと呼びます。ウィンドウ内のどこかをクリックすると、そのウィンドウがアクティブになります。
③マウスポインター	マウスポインターは指の代わりとなって、ウィンドウの各部を操作します。通常は白い矢印型をしていますが、状況によって形が変化します。また、マウスポインターを合わせた部分が操作可能な場合、背景の色が変わって操作できることを示します。
④アイコン、⑤ボタン	たいていのウィンドウには、ボタンやアイコンが配置されています。一般的には、ボタンは単純に押し込む（クリックする）と機能が実行されるものです。アイコンはアプリやファイルなどもう少し複雑なものを表していて、ダブルクリックすると起動／開くなどのアクションを起こし、ドラッグして移動できます。ただし、ボタンとアイコンのデザイン上の違いはあいまいになりつつあり、厳密には分けられなくなっています。

Section 08 タスクバーってどんなもの?

ここで学ぶのは
- タスクバー
- [スタート] ボタン
- コーナーアイコン

デスクトップの下部に表示されている**タスクバー**は、アプリの起動や切り替えを行うための部品です。ここからアプリを起動するための [スタート] メニューを表示したり、起動中のアプリを切り替えたりすることができます。また、ネットワークや音量の設定、各種通知の確認なども行えます。

1 タスクバー上にあるもの

タスクバーに表示されるボタンのうち、[ウィジェット] [スタート] [検索] [タスクビュー] は常に表示されている特別なものです。それより右側のボタンはアプリの起動や切り替えを行うものです。

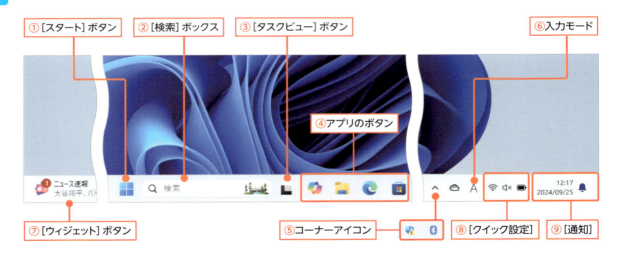

名称	機能
① [スタート] ボタン	[スタート] メニューを開き、アプリの起動を行います。パソコンのシャットダウン／スリープなどもここから行います。
② [検索] ボックス	アプリやファイルを検索します (72ページ参照)。
③ [タスクビュー] ボタン	仮想デスクトップの表示、切り替えや、アプリの切り替えを行います (65ページ参照)。
④ アプリのボタン	アプリの起動や切り替えを行うためのボタンです (64ページ参照)。
⑤ コーナーアイコン	アプリの状態を表します。表示しきれない分は ∧ をクリックすると表示されます。
⑥ 入力モード	文字の入力モードを切り替え、設定メニューを表示します (84ページ参照)。
⑦ [ウィジェット] ボタン	ウィジェットを表示し、最新のニュースや天気などを一画面で確認できます (270ページ参照)。
⑧ [クイック設定]	ネットワーク接続の確認や、音量の変更などを行います (54ページ参照)。
⑨ [通知]	日付・時刻を確認できるほか、アプリからの通知が表示されます (52ページ参照)。

2 タスクバーでできること

Memo [スタート] ボタン

タスクバーの[スタート]ボタンは、アプリを起動する[スタート]メニューを開く、特に重要なボタンです(56ページ参照)。他のボタンは非表示にできますが、[スタート]ボタンだけは消すことができません。[スタート]ボタンはタスクバーの中央に表示されますが、Windows 10以前のように左寄せにも変更可能です(70ページ参照)。

[スタート]ボタン

Memo アプリのボタン

アプリを起動すると、起動中であることを示すためにタスクバーにボタンが表示されます。また、非常によく使うアプリはタスクバーにピン留めしておくと、ワンクリックで起動できます(74ページ参照)。標準では[Copilot][エクスプローラー][Microsoft Edge][Microsoft Store][Outlook]がピン留めされています。

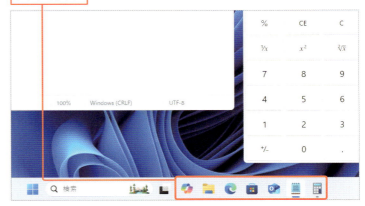

アプリのボタン

Memo タスクバーの右端に表示されるアイコン

タスクバーの右端には、コーナーアイコン、入力モード、[クイック設定]、[通知]の4つが並んでいます。Windows 10に比べると設定関連が使いやすく整理されています。

クイック設定

Section 09 通知とクイック設定を表示する

ここで学ぶのは
- ミニカレンダー
- 通知
- クイック設定でできること

タスクバー右端の日付・時刻が表示されている部分を［通知］といい、クリックすると、アラームやメールの受信など、アプリからの通知が表示されます。その隣の［クイック設定］をクリックすると、Wi-FiやBluetoothの接続のほか、パソコンの音量、応答不可モードなどの設定が変更できます。

1 ミニカレンダーを表示する

Key word ［通知］

タスクバー右端の［通知］では、アプリからの通知があるときは、ベルのアイコンの色が変わります（右ページ上Hint参照）。また［通知］には現在の日付と時刻も表示され、クリックするとミニカレンダーと通知センター（右ページKeyword参照）が表示されます。
現在日時はインターネット時刻サーバーと同期しているため常に正確ですが、万が一ずれた場合は、日時を右クリックして［日時を調整する］をクリックして調整します。

Hint Windows 10とはどう変わった？

Windows 10では、［クイック設定］と［通知］が「アクションセンター」としてまとめられており、ミニカレンダーが独立していました。Windows 11ではミニカレンダーと［通知］がまとめられ、設定関係が独立しました。「設定するもの」と「確認するもの」を分ける形で再編されています。

Memo ミニカレンダーの表示月を切り替える

ミニカレンダー右上部の▲をクリックすると先月、▼をクリックすると翌月のカレンダーに切り替えられます。

1 タスクバー内の［通知］をクリックします。

2 ミニカレンダーが表示されます。
左のMemoを参照。
3 ミニカレンダー外をクリックすると、非表示になります。
今日の日付は色が付いた状態で示されます。

2 通知を見る

Memo 通知の種類

デスクトップ上に自動的に通知が表示された場合、その種類によって閉じるまでずっと表示されているものと、5秒程度で消えてしまうものがあります。見逃した通知は、[通知]をクリックすることで確認できます。

Hint 未読通知の件数を確認する

未読の通知があると、[通知]のベルアイコンの色が右の手順❷の画面のように変わります。未読件数を確認するには、ベルアイコンにマウスポインタを合わせます。このようにポップアップに未読件数が表示されます。

Key word 通知センター

タスクバー右端の[通知]をクリックすると表示される通知の一覧のことを、「通知センター」といいます。

Memo 通知を削除する

通知を削除するには、各通知にマウスポインタを合わせるとの右上に表示される×をクリックします。通知の最上部に表示される[すべてクリア]をクリックすると、すべての通知が削除されます。

Hint 一定時間だけ集中したい

ミニカレンダーの下に表示されている[フォーカス]は、指定した時間だけ通知を抑制するフォーカスセッションを開始します(300ページ参照)。

通知が届くと、デスクトップ右下に表示されます。

1 [閉じる]をクリックすると、通知が閉じます。

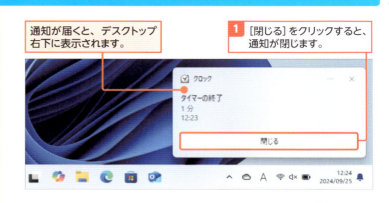

2 [通知]をクリックします。

未読の通知があるとベルアイコンの色が変わります。

3 カレンダーの上に、通知の一覧が表示されます。

ここをクリックしてミニカレンダーをたたみます。

3 クイック設定を見る

Memo 無線通信をオフにする

[クイック設定]の上部にある3つのボタンは、無線通信に関するものです。何かの理由で通信を無効にしたい場合は、それぞれのボタンをクリックします。

Key word 機内モード

[機内モード]は、パソコンの無線通信を一時的にオフにする機能です。[機内モード]をオンにすると、Wi-Fiや携帯電話会社のデータ通信、Bluetooth（258ページ参照）の接続がオフになります。飛行機の離発着時など、無線通信を遮断する必要がある場合に利用します。

Memo ネットワークの接続先を変更する

ネットワークの接続先を変更するには、右の手順4の[Wi-Fi接続の管理]画面で接続したいネットワーク名をクリックし、[接続]をクリックします。なお、[自動的に接続]をクリックしてチェックを入れておくと、次回から自動的にその接続先を利用してネットワークに接続されます。

---

1 タスクバー内の[クイック設定]をクリックすると、

2 [クイック設定]が表示されます。

濃い色になっているボタンの機能はオンになっています。

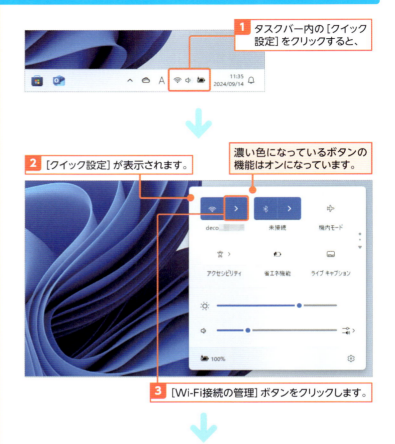

3 [Wi-Fi接続の管理]ボタンをクリックします。

4 現在接続しているネットワークの情報が表示されます（128ページ参照）。

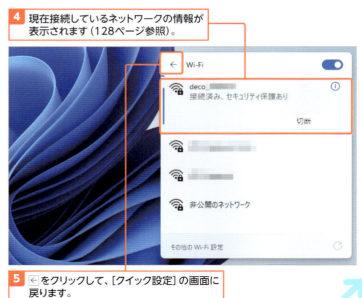

5 ←をクリックして、[クイック設定]の画面に戻ります。

Hint ノートパソコンでは画面の明るさも変更できる

ノートパソコンを使用している場合、[クイック設定]の音量スライダーの上に画面の明るさを調整できるスライダーも追加されます。音量と同様にスライダーのつまみをドラッグすることで、画面の明るさを変更できます。

Key word 夜間モード

[夜間モード]は、パソコンの画面から発せられている「ブルーライト」を抑える機能です。ブルーライトを抑えると、パソコン画面のまぶしさや画面を長時間見ることによる目の疲れを軽減できます。[夜間モード]をオンにすると、画面がやや黄味がかった色になります。なお、自動的に夜間モードに入る時間を設定することもできます（299ページ参照）。

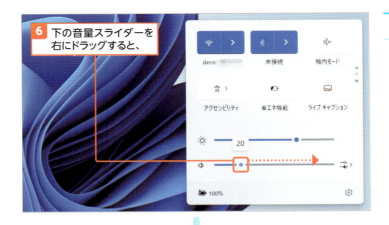

6 下の音量スライダーを右にドラッグすると、

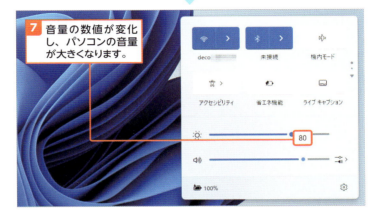

7 音量の数値が変化し、パソコンの音量が大きくなります。

Hint クイック設定でできること

ここまで見てきたとおり、クイック設定ではさまざまな設定項目にすばやくアクセスできます。ここに表示される設定項目や表示の位置は、パソコンの機種によって微妙に異なります。主な設定項目は、表のとおりです。
「夜間モード」以下の項目は、最初は見えませんが、画面を下にスライドして切り替えると見えるようになります。ページインジケーターなどと呼ばれる右の表示を確認すると、今いるページ位置が分かります。

Wi-Fi接続の管理	近くにあるアクセスポイントを一覧表示し、接続します。
Bluetoothデバイスの管理	近くにあるBluetooth周辺機器を一覧表示し、接続します。
機内モード	ワイヤレス通信機能のオン／オフを一括で切り替えます。
アクセシビリティ	アクセシビリティ機能を呼び出します。
省エネ機能	省エネ機能（298ページ参照）のオン／オフを切り替えます。
ライブキャプション	動画の音声やマイクで入力した音声をテキストに変換する機能を呼び出します。
ディスプレイの輝度	スライダーをドラッグしてディスプレイの明るさ（輝度）を調整します。
音量	スライダーをドラッグして音量を調整します。
バッテリーの状態	バッテリー残量、充電状況などを確認できます。
夜間モード	上のKeyword参照。
モバイルホットスポット	パソコンをWi-Fiルーターとして利用する機能のオン／オフを切り替えます。
近距離共有	近くにあるパソコンとワイヤレスでデータをやり取りします。
キャスト	テレビなどの対応周辺機器に、現在のパソコンの画面を表示させます。
表示	外部ディスプレイ接続時の表示方法を切り替えます。

Section 10 [スタート]メニューからアプリを起動する

ここで学ぶのは
- [スタート] メニュー
- [すべてのアプリ]
- ピン留め

アプリを起動するには、まず[スタート]メニューを表示します。[スタート]メニューにはパソコンにインストールされているアプリの一覧が表示され、アイコンやアプリ名をクリックすることで起動できます。なお、よく使うアプリは「ピン留め」に追加しておくと起動しやすくなります。

1 [スタート] メニューを表示する

解説 [スタート] メニュー

タスクバーの[スタート]ボタンをクリックすると、[スタート]メニューが表示されます。アプリの起動は、主にこの[スタート]メニューから行います。[スタート]メニューでは他にも、ユーザーの切り替えやパソコンのシャットダウンなど、Windows 11全体に関わる操作が行えます。

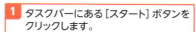
1 タスクバーにある[スタート]ボタンをクリックします。

2 [スタート]メニューが表示されます。

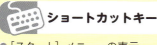
ショートカットキー

● [スタート] メニューの表示

2 ［スタート］メニューの各部名称

［スタート］メニューの外観はスマートフォンのホーム画面風のデザインに変わりました。よく使うアプリが最初に表示され、それ以外は［すべてのアプリ］から表示するといった構成となっています。また、Windows 8～10にあった「タイル」がなくなり、その機能はウィジェットに引き継がれています（270ページ参照）。

名称	機能
① 検索ボックス	クリックすると「検索」画面に切り替わり、キーワードを入力して、アプリやファイルを検索できます（72ページ参照）。
② ［すべてのアプリ］	パソコンにインストールされているアプリを一覧で表示します。ピン留めされていないアプリを起動したいときに使います。
③ ［ピン留め済み］	ピン留めしたアプリが表示されます。よく使うアプリを起動しやすくするために使います（73ページ参照）。
④ 切り替え	クリックすると、ピン留め領域を上下にスクロールできます。
⑤ ［おすすめ］	新しくインストールしたアプリや、よく使用するアプリやファイルなどが表示されます。より多くの項目を表示するには、［その他］をクリックします。
⑥ ［アカウント］	アカウント設定の変更のほか、画面のロックやユーザーの切り替え、サインアウトを行います（290ページ参照）。
⑦ ［電源］ボタン	パソコンのスリープ、シャットダウン、再起動を行います（44ページ参照）。

3 ［すべてのアプリ］から起動する

解説　［すべてのアプリ］

パソコンに新しいアプリを導入することをインストールといいます。アプリはインストールするとどんどん増えていくため、［ピン留め済み］には表示しきれません。［ピン留め済み］に表示されていないアプリは、［すべてのアプリ］から探します。特定のアプリを何度も起動するようなら、ピン留めすることを検討しましょう（73ページ参照）。

Memo　アプリの並び順

［すべてのアプリ］でのアプリは、＃（数字など）、A〜Z、あ〜わ行、漢字の順番で並んでいます。また、下図のようにフォルダーでグループ化されたアプリもあり、クリックして展開します。目的のアプリが見つからないときは、検索ボックスを利用してください（72ページ参照）。

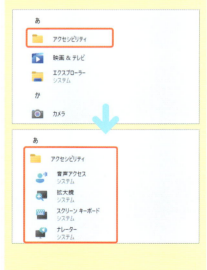

1 ［スタート］メニューを表示します。

2 ［すべてのアプリ］をクリックします。

インストールされているアプリが一覧で表示されます。

3 画面を下にスクロールして起動したいアプリを探し、

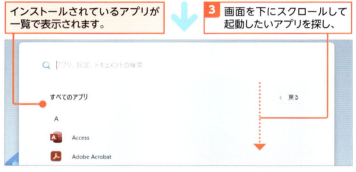

4 目的のアプリ名（ここではメモ帳）をクリックします。

5 アプリ（メモ帳）が起動しました。

Memo　アプリは複数起動できる

たいていのWindowsアプリは、［スタート］メニューからの起動手順を繰り返すと複数起動できます。ただし、「設定」アプリなどのように、1つだけしか起動できないものもあります。

4 ピン留めされたアプリを起動する

Key word　ピン留め

「ピン留め」すると、アプリをすばやく起動できます。［スタート］メニューの他に、タスクバーにもピン留めできます（74ページ参照）。

1 ［スタート］メニューを表示します。

2 アプリのアイコン（ここでは電卓）をクリックすると、

Hint　アプリアイコンをグループ化する

ピン留めしたアプリのアイコンをドラッグして他のアプリと重ねると、スマホのホーム画面のようにアプリをグループ化できます。

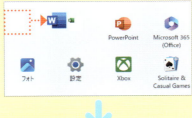

クリックして名前を変えられます。

3 アプリ（電卓）が起動しました。

Section 11

ウィンドウを移動、サイズ変更する

ここで学ぶのは
- ウィンドウの操作
- タイトルバー
- 最大化／最小化

アプリのウィンドウをうまく配置することが、Windowsでの作業効率を上げる第一歩です。ウィンドウのタイトルバーをドラッグして自由な場所に移動し、ウィンドウの端をドラッグしてサイズを変更できます。よりすばやくサイズ変更する操作方法もあるので、うまく使い分けましょう。

1 ウィンドウの各部名称

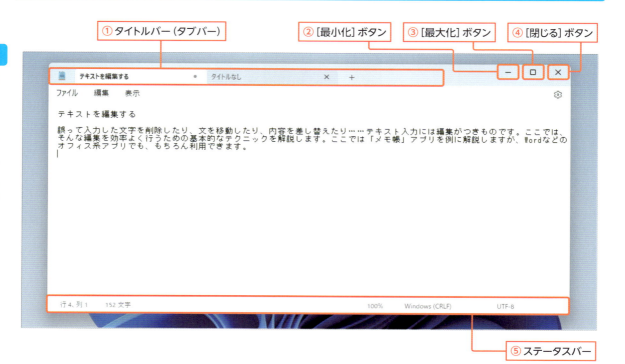

名称	機能
① タイトルバー（タブバー）	アプリ名や編集中のファイル名が表示されます。ここをドラッグしてウィンドウを移動します。「メモ帳」など一部のタブ（82ページ参照）対応アプリでは、この領域をタブバーと呼びます。
② [最小化] ボタン	ウィンドウを最小化して一時的に隠します。再表示したいときはタスクバーにあるアプリのボタンをクリックします。
③ [最大化] ボタン	ウィンドウを最大化してデスクトップ全体に表示します。スナップレイアウトの操作にも使われます（77ページ参照）。
④ [閉じる] ボタン	ウィンドウを閉じてアプリを終了します。
⑤ ステータスバー	アプリによって用途は異なりますが、字数・行数などの細かな情報が表示されます。

2 ウィンドウを移動する

Key word　タイトルバー

タイトルバーはウィンドウの上部にあり、アプリの名前などが表示されています。タブに対応する「メモ帳」アプリではこの領域はタブバーとなり、タブバー内の余白部分のいずれかにマウスポインターを合わせて、右の手順と同様に操作します。

なお、タブ非対応のアプリ（Wordなど）でも、ツールボタンなどがタイトルバー部分に表示されていることがあります。こうしたアプリの場合も、タイトルバーの余白部分をドラッグしてウィンドウを移動できます。

1 移動したいウィンドウのタイトルバー（タブバーの場合はその余白部分）にマウスポインターを合わせます。

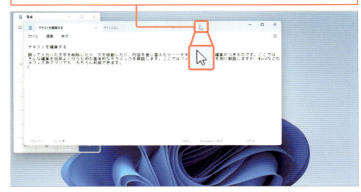

2 移動したいウィンドウを目的の位置にドラッグします。

3 目的の位置でマウスから指を放すと、ウィンドウがその位置に移動します。

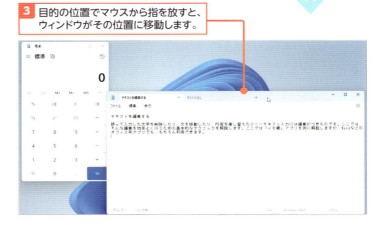

Hint　ショートカットキーでウィンドウを移動する

ウィンドウをよりすばやく移動したい場合は キーを押したまま、←／→キーのいずれかを押してみましょう。ウィンドウをデスクトップの左右に移動できます。これはスナップ機能の働きによるものです（76ページ参照）。

3 ドラッグしてサイズを変える

ウィンドウの高さ／幅の どちらか一方だけ変える

右の手順 1 のようにウィンドウの四隅にマウスポインターを合わせてドラッグした場合、ウィンドウの高さと幅が同時に変更されます。高さと幅のどちらか一方だけを変えたい場合は、ウィンドウの上下端か、左右端にマウスポインターを合わせてドラッグしましょう。

1 ウィンドウの隅にマウスポインターを合わせて、

マウスポインターの形が変化します。

2 そのままドラッグすると、

3 ウィンドウのサイズが変化します。

使えるプロ技！ システムメニューの使いどころ

ウィンドウの左上に表示されているアプリアイコンを右クリックすると、小さなメニューが表示されます。これを「システムメニュー」と呼び、ウィンドウの移動、サイズ変更、最小化、最大化などが実行できます。ほとんど使わないのですが、ごくたまに役に立つことがあります。それはマウスが壊れてキーボードしか使えないときです。Alt + Space キーを押すとシステムメニューが表示されるので、M キーを押してから↑／↓／←／→キーを押すとウィンドウを移動できます。最後に Enter キーを押して移動を確定します。同様に、システムメニューを表示して S キーを押すと、↑／↓／←／→キーでウィンドウのサイズを変更できます。

1 Alt + Space キーでシステムメニューを表示し、

2 M キーで移動、S キーでサイズ変更が行えます。

4 ウィンドウを最大化／最小化する

解説　最大化と最小化

最大化と最小化は、とりあえず手早くウィンドウサイズを変えたいときに使います。最大化するとウィンドウはデスクトップいっぱいに広がり、そのアプリだけを集中して使えます。最小化はその逆で、しばらく使わないウィンドウを隠したいときに使います。

ショートカットキー

- ウィンドウの最大化
  ■ + ↑
- ウィンドウの最小化
  ■ + ↓

Memo　最大化／最小化から元に戻す

最大化するとウィンドウの[最大化]のボタンが ◻ に変化します。それをクリックすると元のサイズに戻ります。最小化したウィンドウは、タスクバーのボタンをクリックすると再表示されます。

使えるプロ技！　スナップレイアウトを利用する

最大化は手軽に実行できますが、デスクトップ全体が1アプリで埋まってしまいます。もう少し効果的にデスクトップを活用したい場合は、スナップレイアウトを使ってみましょう。簡単な操作でデスクトップを2〜4分割することができます（77ページ参照）。

1 ウィンドウの[最大化]ボタンをクリックすると、

2 ウィンドウが最大化され、デスクトップいっぱいに広がります。

3 ウィンドウの[最小化]ボタンをクリックすると、

4 ウィンドウが最小化されます。

Section

12 アプリを切り替える

ここで学ぶのは
- アプリの切り替え
- タスクバー
- タスクビュー

アプリを切り替える一番簡単な方法は**使いたいアプリのウィンドウのどこかをクリックする**ことですが、他のウィンドウの下敷きになっていてクリックしにくいこともあります。その場合は**タスクバー**上のボタンや、ショートカットキーの Alt ＋ Tab を利用して切り替えましょう。

1 タスクバーでウィンドウを切り替える

Memo　起動中のアプリや使用しているアプリの見分け方

タスクバーに表示されているアイコンのうち、現在起動しているアプリのアイコンには、アイコン下部に短い灰色の線が表示されます。また、最前面にある操作中のアプリ（アクティブ状態のアプリ）のアイコンには、アイコン下部に長めの青色の線が表示されます。

Memo　同じアプリの別ウィンドウに切り替える

同じアプリのウィンドウが複数ある場合、タスクバーのアプリのボタンにマウスポインターを合わせると、プレビューが表示されます。目的のウィンドウのプレビューをクリックして表示します。

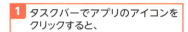

1 タスクバーでアプリのアイコンをクリックすると、

2 そのアプリのウィンドウが前面に出て操作対象になります。

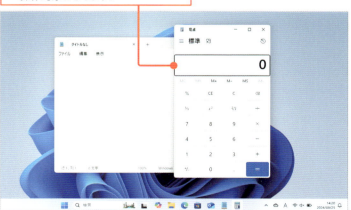

2 Alt + Tab キーを押して切り替える

Hint タスクビューと仮想デスクトップ

アプリを切り替える方法としては、⊞ + Tab キーを押すと表示されるタスクビューもあります。こちらはより強力で、「仮想デスクトップ」を作成することもできます（274ページ参照）。ただし、単に手早く切り替えたいときは Alt + Tab キーのほうが便利です。

使えるプロ技！ ドラッグ＆ドロップ中にアプリを切り替える

あるアプリを起動しているとき、そのアプリのウィンドウ上に、ファイルをドラッグ＆ドロップして開くことができます。ファイルを開く目的でファイルアイコンをドラッグ＆ドロップし始めてから、ドロップ先のアプリが前面に来ていないことに気付くことがあります。その場合は、タスクバーのアプリアイコンにマウスポインターを合わせて、少し待ってください。そのアプリが前面に表示されるので、ドロップできるようになります。

1 Alt キーを押したまま、Tab キーを押して放すと、

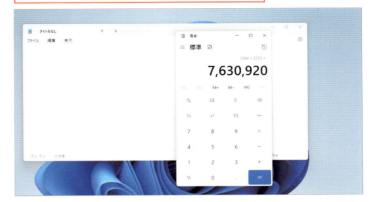

2 現在起動しているウィンドウの一覧が表示されます。

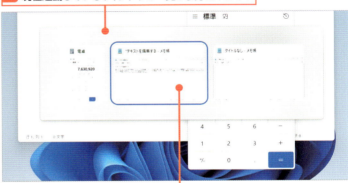

3 Alt キーを押したまま Tab キーを何度か押して、目的のウィンドウを選択します。

4 Alt キーを放すとウィンドウが切り替わります。

Section 13 アプリを終了する

ここで学ぶのは
- アプリの終了
- ［閉じる］ボタン
- ［すべてのウィンドウを閉じる］

利用を終えたアプリは**終了**させましょう。ウィンドウの**［閉じる］ボタン**をクリックすると、ウィンドウが閉じてアプリが終了します。終了時にアプリの編集内容を保存していない場合、保存をうながす画面が表示されることもあります。

1 ［閉じる］ボタンで終了する

解説　アプリとウィンドウ

たいていのアプリは、1つのアプリが1つのウィンドウと対応していて（少数ですが例外もあります）、ウィンドウを閉じるとアプリが終了します。また、多くのアプリは［ファイル］メニューの［終了］をクリックして終了することもできます。

Hint　ファイルを保存せずに終了しようとすると

アプリによっては、編集中の状態でファイルに保存せずにアプリを終了しようとすると、確認メッセージが表示されます。詳しくは99ページのHintを参照してください。

1 ウィンドウの［閉じる］ボタンをクリックします。

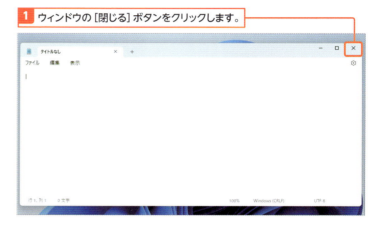

2 ウィンドウが閉じ、アプリが終了します。

アプリが終了すると、タスクバーに表示されていた、アプリのボタンが消えます。

2 タスクバーから終了する

解説　複数のウィンドウをまとめて閉じる

タスクバーから終了する方法は、同じアプリを複数起動していた場合に、まとめて終了できるというメリットがあります。なお、アプリのボタンを右クリックしたときに表示されるメニューは「ジャンプリスト」といい、アプリごとに便利な機能がまとめられています。例えばエクスプローラーのジャンプリストでは、下図のように特殊フォルダー（111ページ参照）を開く項目が用意されています。

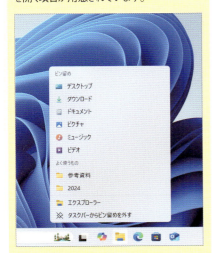

ショートカットキー

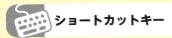

● アプリを終了する
　 Alt ＋ F4

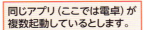
同じアプリ（ここでは電卓）が複数起動しているとします。

1 タスクバーにある、終了させたいアプリのボタンを右クリックして、

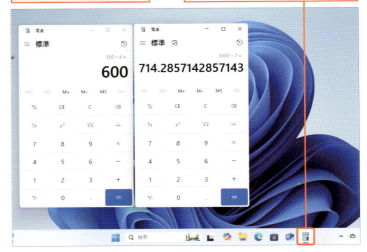

2 [すべてのウィンドウを閉じる]をクリックすると、

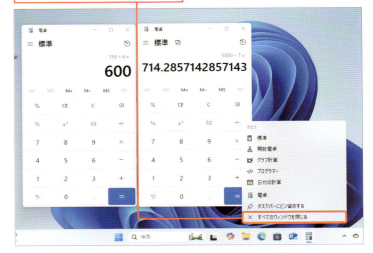

3 ウィンドウが閉じ、アプリが終了します。

アプリが終了すると、タスクバーに表示されていた、アプリのボタンが消えます。

Section 14 「設定」アプリでタスクバーなどの設定を変更する

Windows 11の設定を変更するには、「設定」アプリを使います。ここで紹介するタスクバーのボタンの変更をはじめ、「設定」アプリで変更できる内容は多岐にわたります。必要に応じて設定を変えて、パソコンをより使いやすくしましょう。なお、初心者の方は、このセクションの2と3の作業は行わなくてかまいません。

ここで学ぶのは
- ▶「設定」アプリ
- ▶タスクバーの設定
- ▶[スタート]メニューの設定

1 「設定」アプリを起動する

解説 「設定」アプリ

「設定」アプリは、Windows 8でコントロールパネルの代わりとして登場しました。当初は設定できる項目が少なく、コントロールパネルと併用して使用する必要がありましたが、現在はほとんどの設定は「設定」アプリでできるようになっています。

ショートカットキー
- 「設定」アプリを起動
  ⊞ + I

解説 「設定」アプリのメニュー

Windows 11の設定項目は非常に多いので、いくつかのカテゴリで分類されています。カテゴリが表示されるメニューは、ウィンドウが小さいときは折りたたまれ、大きくなると固定表示になります。

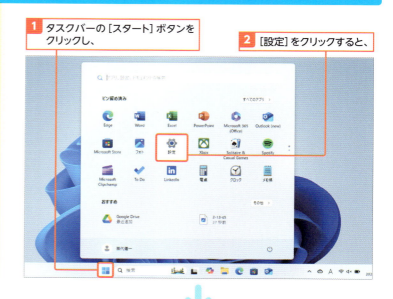

1 タスクバーの[スタート]ボタンをクリックし、

2 [設定]をクリックすると、

3 「設定」アプリが起動します。

4 ウィンドウの横幅を一定より縮めると、

カテゴリのメニュー（左の解説参照）

Hint コントロールパネルを表示する

従来のWindowsのように、コントロールパネルを表示して設定することもできます。詳細はQ&A（304ページ）を参照してください。

Memo Windows 10とどう変わった？

Windows 10の「設定」アプリでは、設定のどの階層にいるのかを見失いがちでした。Windows 11では、「設定」アプリの左側はカテゴリ表示用に固定されており、右側の状態だけが変化します。おかげで今見ている場所を見失いにくく、サイドバー付きのWebページに近い感覚で設定を探すことができます。

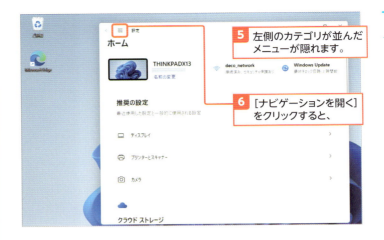

5 左側のカテゴリが並んだメニューが隠れます。

6 [ナビゲーションを開く]をクリックすると、

7 メニューが表示されます。

Hint 設定を検索する

目的の設定がどこにあるのかわからない場合は、「設定」アプリの検索ボックスを使ってみましょう。

1 検索ボックスにキーワードを入力すると、

2 関連する設定項目が表示されます。

2 [スタート] ボタンを左寄せにする

Memo タスクバーのボタンを非表示にする

タスクバーの[検索][タスクビュー][ウィジェット]のボタンを非表示にするには、[個人用設定]→[タスクバー]をクリックし、[タスクバー項目]をクリックして展開します。各項目のスイッチをクリックしてオフにすると、そのボタンが非表示になります。なお、[検索]を非表示にする場合は、[検索ボックス]のリストから[非表示]を選択します。

Memo タスクバーの動作を設定する

タスクバーが自動的に隠れるよう設定したい場合は、[個人用設定]→[タスクバー]をクリックし、[タスクバーの動作]をクリックして、[タスクバーを自動的に隠す]にチェックを入れます。

Hint 設定項目の階層が表示される

[個人用設定]→[タスクバー]のように設定の階層を下りていくと、上部に項目の階層がわかる形で表示されます。ここをクリックして上の階層に戻ることができます。

1 [個人用設定]をクリックし、
2 下にスクロールして[タスクバー]をクリックします。
3 [タスクバーの動作]が折りたたまれている場合は、クリックして展開します。
4 [中央揃え]をクリックし、
5 [左揃え]をクリックすると、
6 [スタート]ボタンとタスクバー上のボタンの位置が左寄せになります。

3 [スタート]メニューの設定を変える

Memo [スタート]メニューの設定

[個人用設定]の[スタート]には、次の設定項目があります。

● **レイアウト**
[スタート]メニューの表示レイアウトを3種類から選択できます。

● **最近追加したアプリを表示する**
オンにすると、インストールしたばかりのアプリが[スタート]メニューの[おすすめ]に表示されます。

● **よく使うアプリを表示する**
オンにすると、頻繁に使用するアプリが[スタート]メニューの[おすすめ]に表示されます。

● **スタートで推奨されるファイル、エクスプローラーで最近使用したファイル、ジャンプリスト内の項目を表示する**
オンにすると、最近開いたファイルが[スタート]メニューやジャンプリスト、エクスプローラーに表示されます。

● **ヒント、ショートカット、新しいアプリなどのおすすめを表示します。**
オンにすると、アプリなどをより便利に使うためのヒントやテクニック、新着アプリ情報などをスタートメニューに表示します。

● **アカウントに関連する通知を表示**
オンにすると、Mictosoftアカウントに関する最新情報が通知されます。

● **フォルダー**
[スタート]メニューの[電源]ボタンの横に、[設定]や[ドキュメント]などのボタンを追加できます。

1 [個人用設定]をクリックし、

2 下にスクロールして[スタート]をクリックします。

3 [フォルダー]をクリックし、

4 [設定]のスイッチをクリックしてオンにします。

5 [スタート]メニューを開くと、[電源]ボタンの横に「設定」アプリを開くボタンが追加されています。

Section 15 アプリをさらにすばやく起動する

ここで学ぶのは
- ▶ [検索] ボタン
- ▶ アプリ名検索
- ▶ ピン留め

アプリの起動方法はいくつかあり、最も手早く起動できるのが**タスクバーへのピン留め**、次が**[スタート] メニューへのピン留め**、次が**アプリ名検索**による起動、最後が [すべてのアプリ] からの起動です。よく使うものを手軽に起動できるようにすると、作業がより快適になります。

1 アプリを検索して起動する

解説 アプリ名の検索

タスクバーの [検索] ボックスをクリックするか、[スタート] メニューの検索ボックス (57 ページ参照) をクリックすると、「検索」画面が表示されます。ここにアプリ名の一部を入力すると、検索して起動することができます。ピン留めするほどではないアプリをすばやく起動したいときに便利です。「検索」画面ではアプリだけでなく、ファイルを検索することもできます (119 ページ参照)。

Hint アプリの英語名で検索する

メモ帳は「memo」または「notepad」、電卓は「calc」と入力しても検索できます。英語名は日本語変換しなくて済む分、すばやく起動できます。[⊞] キーを押して [スタート] メニューを表示し、そのまま英語名を入力して [Enter] キーを押せば、マウスをまったく使わずにキーボード入力だけでアプリを起動可能です。

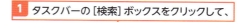
1 タスクバーの [検索] ボックスをクリックして、

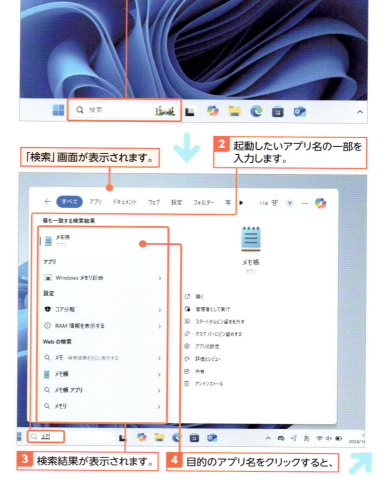

「検索」画面が表示されます。

2 起動したいアプリ名の一部を入力します。

3 検索結果が表示されます。

4 目的のアプリ名をクリックすると、

> **Hint** 検索結果を絞り込む

検索結果が多い場合は、「検索」画面の入力欄の下に表示されているカテゴリを選択して絞り込むことができます。例えば［アプリ］をクリックすると、アプリの検索結果のみが表示されます。

5 アプリが起動します。

2 ［スタート］メニューにピン留めする

 Memo ［スタート］メニューのピン留めを整理する

［スタート］メニューへのピン留めは、使用頻度が高いものが先に表示されるようにしないと意味がありません。それほど使わないアプリがピン留めされていたら、右クリックして［スタートからピン留めを外す］をクリックしましょう。また、よく使うアプリは右クリックして［先頭に移動］をクリックし、より上位に表示されるようにしましょう。
なお、ピン留めを外しても、［すべてのアプリ］からアプリを起動できます。また、再びピン留めすることも可能なので、状況に応じてピン留めを整理するとよいでしょう。

ここでは「天気」アプリを［スタート］メニューにピン留めします。

1 ［スタート］メニューで［すべてのアプリ］をクリックします。

2 ピン留めしたいアプリを右クリックし、

3 ［スタートにピン留めする］をクリックします。

4 ［戻る］をクリックして、最初の画面に戻ります。

Memo 位置情報へのアクセスの許可を求められる

「天気」アプリを初めて起動した場合、「天気が詳しい位置情報にアクセスすることを許可しますか?」と表示されます。[はい]をクリックすると位置情報がオンになり、現在地の天気が表示されるようになります。位置情報をアプリに使用させたくない場合は、[いいえ]をクリックします。

5 クリックしてピン留め領域を切り替え、

6 [ピン留め済み]内に表示されたアプリをクリックすると、

7 アプリが起動します。

3 タスクバーにピン留めする

 解説 タスクバーへのピン留め

タスクバーにピン留めしたアプリは、[スタート]メニューなどを開く必要もなく、ボタンのワンクリックで起動できます。最も速く起動できる方法ですが、あまりたくさんピン留めすると、タスクバーが混雑して見にくくなります。厳選したアプリを配置しましょう。

1 [スタート]メニューを使って、タスクバーにピン留めしたいアプリ(ここでは「メモ帳」)を起動しておきます。

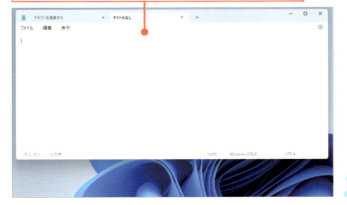

Memo タスクバーの ピン留めを外す

タスクバーのピン留めを外すには、タスクバー上のボタンを右クリックして、[タスクバーからピン留めを外す]をクリックします。

Memo [スタート]メニュー上でも設定できる

[スタート]メニューに表示されているアプリを右クリックし、[タスクバーにピン留めする]をクリックすることでも、タスクバーにピン留めを追加できます。

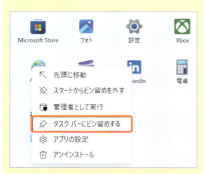

ショートカットキー

● タスクバーにピン留めされている左から○番目のボタンを押す
　🪟 + 1 ～ 9

2 タスクバーのアプリのボタンを右クリックして、

3 [タスクバーにピン留めする]をクリックします。

⬇

4 ピン留めしたら、[閉じる]ボタンをクリックしてアプリを終了します。

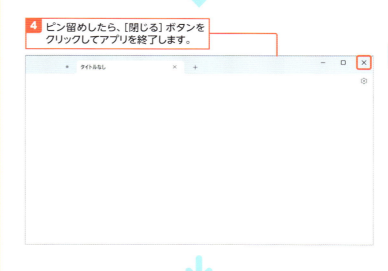

⬇

アプリを終了してもボタンがタスクバー上に残っており、クリックしてアプリを起動できます。

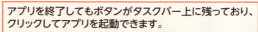

Section 16 複数のアプリをすばやく並べて配置する

ここで学ぶのは
- アプリを2分割で並べる
- アプリを4分割で並べる
- スナップレイアウト

パソコンの画面は年々広くなっており、1つのアプリを最大化して使うのはもはや合理的とはいえません。複数のウィンドウをすばやく並べる機能を活用しましょう。Windows 11には、昔からあるスナップ機能を発展させたスナップレイアウトが搭載されています。

1 ウィンドウを左右に並べる

解説 ウィンドウを左右に並べる

ウィンドウを左右に並べたい場合は、1つ目のウィンドウをデスクトップ画面の左端（または右端）にドラッグします。残った側に表示するウィンドウを選ぶ画面が表示されるので、クリックして選択します。この機能はスナップ機能と呼ばれます。

ショートカットキー

- ウィンドウを左右に並べる
  ⊞ + ← / →

Memo キーボード操作でウィンドウを選ぶ

残った側に表示するウィンドウは、クリックして選ぶ代わりに、←→キーで選択してEnterキーで確定することもできます。ショートカットキーと組み合わせると、キーボード操作だけで左右に並べられます。

メモ帳や電卓など、いくつかのアプリを起動しておきます。

1 左側に配置したいウィンドウを画面の左端にドラッグします。

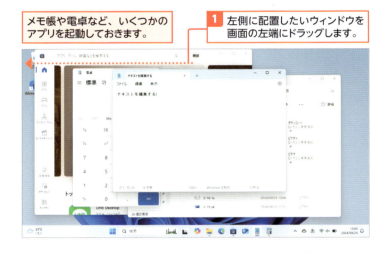

2 左側にウィンドウが配置され、右側に表示するウィンドウが選択可能になります。

3 右側に配置したいウィンドウをクリックします。

Memo 4分割にもできる

スナップ機能で4分割することもできます。デスクトップ画面の四方の角に向かってウィンドウをドラッグします。

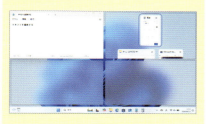

4 ウィンドウが左右に並べられます。

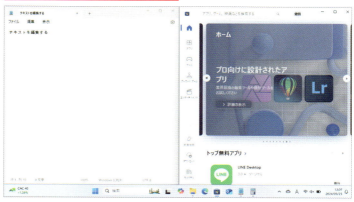

2 スナップレイアウトでウィンドウを並べる

解説 スナップレイアウト

Windows 11のスナップレイアウトは、スナップ機能をさらに発展させたものです。右の手順のほか、ウィンドウの[最大化]ボタンにマウスポインターを合わせて設定することもできます。なお、デスクトップの幅が一定より広い場合は、縦に3分割のレイアウトも追加されます。

ショートカットキー

● スナップレイアウトを表示
　⊞ + Z

1 ウィンドウを上端にドラッグすると、

2 スナップレイアウトが表示されます。

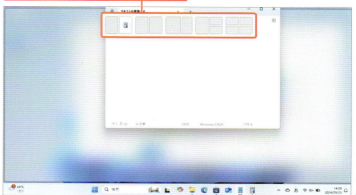

16 複数のアプリをすばやく並べて配置する

2 Windows 11の基本操作を知る

> **Memo** スナップレイアウトを無効にする

ウィンドウを上に動かすたびにスナップレイアウトが表示されるのがわずらわしい場合は、スナップレイアウトを無効にすることもできます。「設定」アプリの[システム]→[マルチタスク]で、「ウィンドウのスナップ」をオフにします。

> **Hint** タスクバーにグループが表示される

いったんスナップレイアウトを利用すると、タスクバーのボタンにマウスポインターを合わせたときに「グループ」が表示されるようになります。選択するとスナップレイアウトが復元できるので、最小化した状態から元に戻すときに役立ちます。

> **使えるプロ技!** ウィンドウを上下に並べる

スナップレイアウトには、ウィンドウを上下に並べる候補はありません。少し裏技風になりますが、目的のウィンドウを最大化した状態で ■ + ↑ キーを押すと、上下に並べることができます。

下に配置するウィンドウを選びます。

3 配置したい位置にドロップすると、

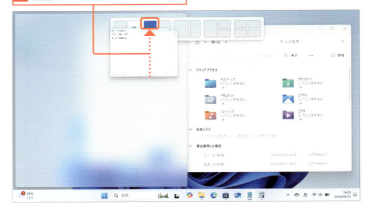

4 ウィンドウが配置され、残りの位置に表示するウィンドウを選択可能になります。

5 右側に配置したいウィンドウをクリックします。

6 ウィンドウが左右に並べられます。

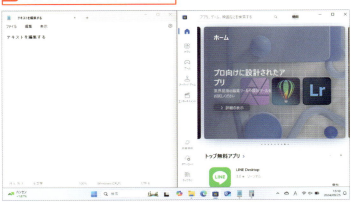

第 3 章

文字入力の基本を
マスターする

Windows 11に限らず、パソコンを使ううえでも特に大切な「キーボード操作」について学んでいきましょう。英数字や日本語の入力方法から、テキストの編集方法、さらには操作をスピードアップするためのテクニックまで解説します。

Section 17 ▶	テキストを入力する
Section 18 ▶	日本語の文章を入力する
Section 19 ▶	ファンクションキーで文字種を変換する
Section 20 ▶	テキストを編集する
Section 21 ▶	文字を移動／コピーする
Section 22 ▶	アプリ間で移動／コピーする
Section 23 ▶	入力したテキストを保存する
Section 24 ▶	日本語の入力を高速化する
Section 25 ▶	ショートカットキーで操作をスピードアップする

Section 17 テキストを入力する

ここで学ぶのは
- キーボード
- 英数字入力モード
- 日本語入力モード

テキスト（文章）を入力するには、**キーボード**を使う必要があります。パソコンの機種によって多少の違いはあるものの、おおむね同じようなキー配置になっているので、使い方を1回覚えてしまえば、どのパソコンでも難なくテキストの入力ができるでしょう。

1 キーボードの使い方

テキストの入力のほか、パソコン自体を操作する場合にも利用する**キーボード**。多くのボタン（キー）が並んでおり、使い方が難しそうに感じるかもしれませんが、いきなりすべてのキーを覚える必要はありません。以下は、入力中によく使うキーの配置と役割です。まずはこれらのキーの読み方や役割を見ていきましょう。

キー名	機能
① Esc（エスケープ）キー	確定前の入力をキャンセルするときなどに使います。
② 半角/全角 キー	英数字入力モードと日本語入力モードを切り替えます。
③ ファンクションキー	アプリによって機能の割り当てが変わるキーですが、日本語変換中はかな／カナへの変換などを行います。
④ Shift（シフト）キー	文字キーの左上の文字（主にアルファベット大文字）を入力する際に利用します。範囲選択にも使います。
⑤ Ctrl（コントロール）キー	ショートカットキーを入力するときに使います。
⑥ Space（スペース）キー	空白を入れたり、日本語変換を実行するときに使います。左右にある 無変換 ／ 変換 キーは実はあまり使いません。
⑦ Backspace（バックスペース）キー	カーソルの左側の文字を削除します。
⑧ Enter（エンター）キー	変換した文字を確定したり、改行したりします。
⑨ カーソルキー	カーソルを上下左右に移動します。

2 他のキーと組み合わせて使う特殊キー

文字キーをよく見ると、複数の文字が書かれています。左上に書かれている文字（記号）は Shift キーと組み合わせて押すことで入力できます。Shift キーのような他のキーと一緒に押して使うキーを**特殊キー**といいます。特殊キーは他にも Ctrl キーや Fn キーなどがあります。

ホームポジションを覚えて使いやすく

キーボード（手元）を見ることなく、パソコンの画面を見ながらキーボードを操作することを**タッチタイピング**といいます。タッチタイピングができると、テキストの入力やパソコンの操作が速く、楽にできるようになります。タッチタイピングで重要なのが、キーボードに指を置く位置です。キー入力の基本となる指の位置を**ホームポジション**といいます。ホームポジションでは F キーに左手の人差し指、J キーに右手の人差し指を軽く置き、その他の指も人差し指の隣に自然に置きます。入力時はそれぞれの指に近いキーを押し、押し終わったらこのポジションに指を戻します。ホームポジションおよびタッチタイピングの練習ができるWebサイトやアプリもあります。文字入力に自信がない人は、それらのサービスを使って練習するのもおすすめです。

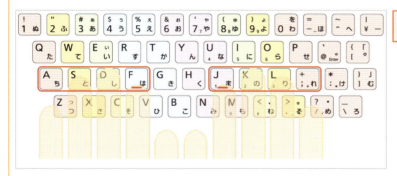

力を抜いて、F キーと J キーを中心に指を置く

3 英数字入力と日本語入力

キーボードで文字を入力するうえで理解しておきたいのが、**入力モード**の存在です。Windows 11の文字入力では、アルファベットや数字などを半角で入力するための**英数字入力モード**と、日本語を全角で入力するための**日本語入力モード**の2つのモードがあり、必要に応じてモードを切り替えながら入力します。入力モードを切り替えるには、半角/全角 キーを押します。現在の入力モードは、画面右下の入力モードの表示から確認できます。[A]になっていれば英数字入力モード、[あ]になっていれば日本語入力モードです。

英数字入力モード

日本語入力モード

4 英数字を入力する

Memo メモ帳

本章では、「メモ帳」アプリを用いてテキストの入力や編集の方法を解説します。メモ帳は、覚え書き程度の簡単なテキスト入力に向いているアプリです。入力・編集が終わったら、「ファイル」として保存することで、パソコン内にデータが記録されます。保存したファイルはいつでも呼び出して、続きから入力することができます。ファイルの保存方法は、98ページで解説します。

1 入力モードが [A]（英数字入力モード）になっていることを確認します。

58ページの方法で「メモ帳」アプリを起動します。

解説 [あ] になっているときは

手順 **1** で [あ]（日本語入力モード）になっている場合は、[半角/全角] キーを押せば英数字入力モードに切り替えることができます。

2 入力したいキーを押すと（ここでは「windows11」）、

3 メモ帳に英数字が入力されます。

4 ←キーを2回押すと、

5 カーソルが左に移動します。

Memo キーボードの起源はタイプライター

キーボードの起源は英字のタイプライターです。そのため、英字と数字が入力しやすい配列になっています。キーボードの左上に Q W E R T Y キーが並んでいるため、「QWERTY（クワーティ）キーボード」と呼びます。

6 [Space] キーを押すと、

7 カーソルの左側に半角の空白が挿入されます。

8 →キーを2回押して、カーソルを末尾に戻します。

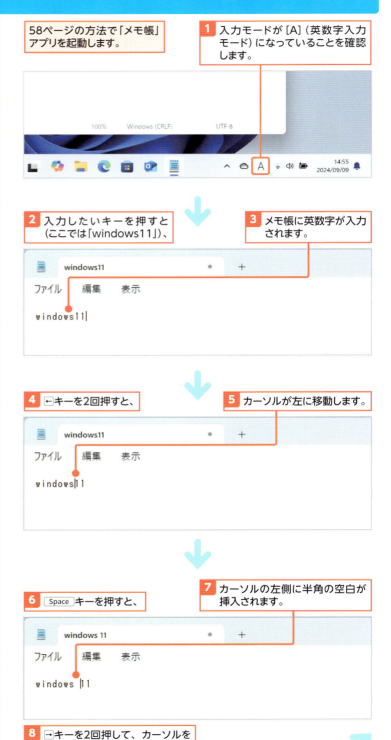

カーソルを移動する方法

文字の入力位置を表す「カーソル」は、カーソルキー（↑↓←→）を使って上下左右に移動できるほか、マウスで該当の場所をクリックすることでも移動できます。

9 Enter キーを押すと、

10 改行されて、カーソルが次の行に移動します。

5 大文字や記号を交ぜて入力する

大文字を続けて入力するには？

大文字を何文字か続けて入力する場合は、手順3で Shift キーを押したまま文字キーを押すと、連続で入力できます。

解説 Shift キーで記号を入力する

Shift キーは、キーの上側に刻印されている記号を入力する際に利用します。例えば「ぬ」と刻印されたキーを押すと、通常は「1」が入力されますが、Shift キーを押しながら同じキーを押すと、「!」が入力されます。

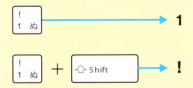

1 Shift キーを押しながら、大文字で入力したいキー（ここでは M キー）を押すと、

2 英字が大文字で入力されます。

3 Shift キーから指を離して入力を続けると、

4 左ページ同様、小文字で入力されます。

5 Shift キーを押しながら、記号が印字されているキー（ここではキーボード左上の ! キー）を押すと、

6 半角の記号が入力できます。

常に大文字が入力される場合は

Shift キーを押していないのになぜか大文字で入力されてしまう場合は、Caps Lock キーがオンになっています。解除するには、Shift キーを押しながら Caps Lock キーを押します。

Section 18 日本語の文章を入力する

ここで学ぶのは
- ローマ字入力
- かな入力
- 文節

日本語は英数字と違い、ひらがなから漢字、カタカナなどへの変換が必要になります。ただし、たいていはパソコンが適切な文字種へ変換してくれるので、難しくはありません。英数字にはない、日本語ならではの入力方法をマスターしましょう。

1 日本語を変換しながら入力する

解説 ローマ字入力とかな入力

キーボードの文字キーの左上に刻印されているローマ字を組み合わせて日本語を入力する方法を「ローマ字入力」、右下のひらがなを使って日本語を入力する方法を「かな入力」といいます。パソコンではローマ字入力が一般的であり、本書でもローマ字入力を前提に解説しています。

ローマ字入力

かな入力

かな入力に変更するには、[A]または[あ]の表示を右クリックし、[かな入力]をクリックしてオンにします。

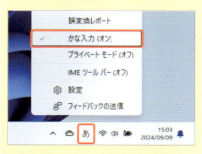

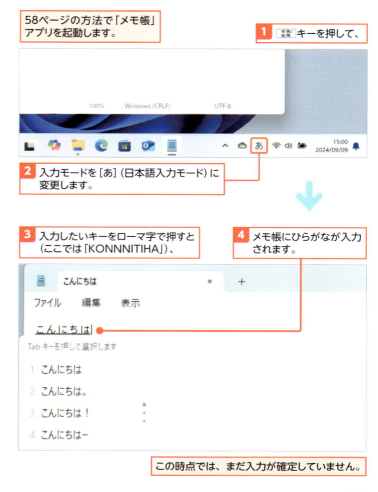

1. 半角/全角キーを押して、
2. 入力モードを[あ](日本語入力モード)に変更します。
3. 入力したいキーをローマ字で押すと(ここでは「KONNNITIHA」)、
4. メモ帳にひらがなが入力されます。

この時点では、まだ入力が確定していません。

解説 下線の意味

日本語入力モードの場合、入力中（変換前）の文字の下には波線が表示されます。これが変換中は実線になり、確定すると下線は表示されなくなります。これらの下線は、変換が発生する日本語入力モードでのみ表示されます。

解説 変換候補から探す

手順❽で目的の漢字に変換されなかった場合、再度 Space キーを押すと、変換候補の一覧が表示されます。 Space キーまたは↑↓キーで目的の漢字を選択し、 Enter キーで確定します。

Hint カタカナ入力モードは使わない

Windows 11では、文字を入力して Space キーを押すだけで、漢字・カタカナといった文字種を適切に判断して変換します。カタカナ入力モードもありますが、あまり使いません。誤って 無変換 キーを押してカタカナ入力モードになった場合は、何度か 無変換 キーを押してひらがな入力モードに戻しましょう。

2 文節の区切りを変える

 文節

「文節」とは、文章を言葉の意味が通る程度まで短く区切ったときの最小単位です。Windows 11では文章を変換する際、文節ごとに変換が行われます。

 文節確定スタイルと長文入力スタイル

テキスト入力は、文節ごとに入力して変換→確定を繰り返すスタイルと、長文を一気に入力して一括変換するスタイルとに分かれます。前者は変換の判断を都度自分でしたい人、後者は日本語入力ソフトの変換機能に期待する人が選ぶ傾向にあり、どちらかが間違いということはありません。自分に合うスタイルを選びましょう。

一括ではなく文節ごとに確定する

長文を一括変換したあと、Enterキーではなく Ctrl + N キーを押すと、文節を先頭から1つずつ確定させることができます。文章の中に変換し直したい文節があれば、その文節が選択されている状態で Space キーを押せば、再変換できます。

 変換する文節を移動するには

現在選択中（変換対象）の文節は、下線が他の文節よりも太くなっています。←→キーを押すことで、隣の文節に移動できます。

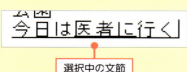
選択中の文節

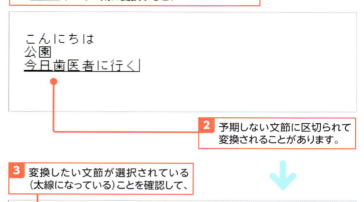

1 文章を入力して（ここでは「きょうはいしゃにいく」）Space キーで一気に変換すると、

2 予期しない文節に区切られて変換されることがあります。

3 変換したい文節が選択されている（太線になっている）ことを確認して、

4 Shift キーを押しながら ← / → キーを押し、

5 文節を調整します（ここでは Shift + → キーを1回押す）。

6 再度 Space キーを押すと、

7 あらためて変換されます。

Enter キーを押すと、文章全体が確定されます。

3 入力中に間違いに気付いたときは？

Hint 「ん」の入力方法

「ん」は N キーを2回押すと入力できます。ただし「ん」の次の文字が子音の場合、あるいは「な」行または「や」行ではない場合は、1回押すだけでも「ん」として認識します。

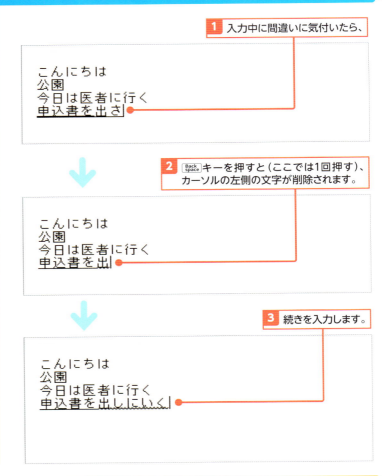

1 入力中に間違いに気付いたら、

2 Back space キーを押すと（ここでは1回押す）、カーソルの左側の文字が削除されます。

3 続きを入力します。

使えるプロ技！ 予測入力を使う

文字を入力しているとき、Space キーを押していないにもかかわらず、文字の下に単語の一覧が表示されることがあります。これを**予測入力**といいます。予測入力は、入力している文字から次に入力されるであろう文字を予測して、候補を表示する機能です。候補一覧に入力予定の単語があったら、Tab キー（または ↓ キー）を押して選択し、Enter キーを押して確定します。すべての文字を自分で入力するよりも、楽に入力作業を進められます。予測入力が表示される文字数は設定可能で、タスクバーの［あ］または［A］を右クリックして［設定］をクリックし、［Microsoft IME］の設定で［全般］の［予測入力］の文字数を変更します。

候補一覧が表示されるので、Tab キーで選択して Enter キーで確定します。

予測入力を表示するまでの文字数を設定します。

Section 19 ファンクションキーで文字種を変換する

ここで学ぶのは
- ファンクションキー
- 半角英数字に変換
- カタカナ、ひらがなに変換

英語やカタカナが交じった文章を入力するとき、文字種に合わせて毎回入力モードを切り替えるのは手間というもの。こんなときは**ファンクションキー**を利用すると、入力モードをわざわざ切り替えることなく、すぐに目的の文字種に変換できます。

1 半角英数字に変換する

Memo 全角と半角、どちらを使う？

「全角」は、縦横の比率が1:1の大きさの文字のことです。対して「半角」は、縦横の比率が1:0.5と全角の半分の大きさです。パソコンで日本語（ひらがな、漢字）を表現する際は、全角になります。カタカナと英数字は全角・半角のいずれでも表現できますが、一般的にカタカナはひらがなや漢字に合わせて全角、英数字は半角で入力します。

全角文字　　半角文字

Hint 日本語入力中に半角スペースを入力する

日本語入力モードで入力中、半角スペースを入力する必要が出てきたら、Shiftキーを押しながらSpaceキーを押しましょう。入力モードを変更することなく、半角スペースが入力できます。同じように、英文を入力したいときも最初の1文字をShiftキーと組み合わせて押すことで、一時的に英文を入力できます。

1 英数字で入力したい文字のキーを押します（ここでは「windows11」）。

日本語入力モードに変更します。

2 F10キーを押すと、半角の英数字に変換されます。

3 Enterキーを押して確定します。

2 カタカナ、ひらがなに変換する

Hint 予測の履歴を削除する

予測入力は、過去に入力した履歴などを使って候補を表示するため、誤って学習して不適切な候補が出てしまうこともあります。入力履歴をリセットするには、[A]または[あ]を右クリックし、[設定]→[学習と辞書]と進みます。[学習]の[入力履歴の消去]をクリックし、[OK]をクリックしましょう。また、共用のパソコンで入力履歴自体を残したくない場合は、[入力の精度を高めるために、入力履歴を使用する]をオフにします。

Hint ファンクションキーで音量調整できる

ファンクションキーは[Fn]キーと一緒に押すと、パソコンそのものの操作を行うキーに変わります。例えば[Fn]+[F2]キーで音量を下げる、[Fn]+[F6]キーで画面を明るくするなどの機能が割り当てられていることがあります。パソコンの機種によって、各キーに割り当てられている機能は異なります。

● ファンクションキーによる文字種変換

キー名	機能
[F6]キー	全角ひらがなに変換する
[F7]キー	全角カタカナに変換する
[F8]キー	半角カタカナに変換する
[F9]キー	全角英数字に変換する
[F10]キー	半角英数字に変換する

Section 20 テキストを編集する

ここで学ぶのは
- カーソルの移動
- 文字の削除
- 範囲選択

誤って入力した文字を削除したり、文を移動したり、内容を差し替えたり……テキスト入力には、編集がつきものです。ここでは、そんな編集を効率よく行うための基本的なテクニックを解説します。ここでは「メモ帳」アプリを例に解説しますが、Wordなどのオフィス系アプリでも使えるテクニックです。

1 カーソルをすばやく行頭・行末に移動する

Memo Fn キーが必要な場合も

ノートパソコンなどはキーボードが小さく、Home キーおよび End キーがカーソルキーと兼用になっている機種もあります。その場合は、Fn キーと一緒に押すことで、Home キーや End キーの機能を利用できます。

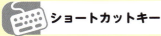
ショートカットキー
- 行頭にカーソルを移動
  Ctrl + ↑
- 行末（次行先頭）にカーソルを移動
  Ctrl + ↓

58ページの方法で「メモ帳」アプリを起動し、テキストを入力します。

1 Home キーを押すと、カーソルが行頭に移動します。

2 End キーを押すと、カーソルが行末に移動します。

2 文字を削除する

Hint 右側は Delete キーで削除できる

Back space キーはカーソルの左側の文字を削除するキーですが、Delete キーは右側の文字を削除します。2つのキーを使いこなすことでカーソルの移動が少なくなり、より効率的に入力できます。

Hint 消しすぎた場合は元に戻そう

Back space キーを連打しすぎて、勢い余って必要な文字まで消してしまった……。そんなときも、わざわざ入力し直す必要はありません。アプリによっては「元に戻す」ボタンがあるので、これを押すと状態を元に戻せます。なお、メモ帳のように「元に戻す」ボタンがないアプリは、Ctrl + Z キーで状態を戻すことができます。

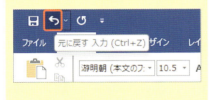

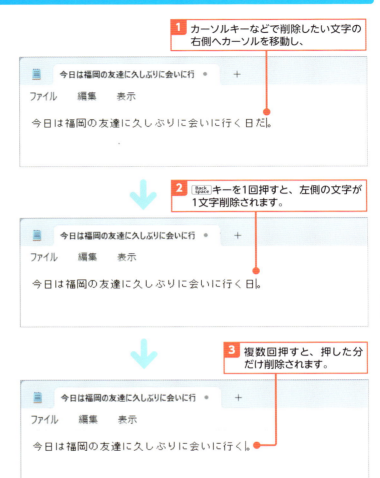

1. カーソルキーなどで削除したい文字の右側へカーソルを移動し、
2. Back space キーを1回押すと、左側の文字が1文字削除されます。
3. 複数回押すと、押した分だけ削除されます。

文書の先頭・末尾に移動する

文章の行頭ではなく、文書の先頭にカーソルを移動させるには、Ctrl キーと Home キーを同時に押します。逆に文書の末尾に移動するには、Ctrl キーと End キーを同時に押しましょう。

Ctrl + Home キー

Ctrl + End キー

3 範囲を選択する

解説 複数行をすばやく範囲選択

Shift キーを押したまま→キーを押すと、カーソルから右側の文字が選択されます。もし次の行まで範囲選択をする場合、→キーを連打するのではなく、↓キーを押しましょう。2行目まですばやく範囲選択できます。

Memo マウスで範囲選択

マウスでも範囲選択が可能です。操作方法は、選択したい文字列の始めから終わりまでを、マウスでドラッグするだけです。ただ、文字の入力中はキーボード操作で選択したほうが速いので、あまりマウスに頼らないことをおすすめします。

1 範囲選択したい文字の近くにカーソルを移動して、

2 Shift キーを押したままカーソルキーを押し、

3 選択範囲を調整します（ここでは Shift +→キーを5回押す）。

4 Back space キーを押すと、選択範囲を削除できます。

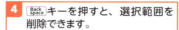

使えるプロ技！ 記号入力のテクニック

「」（かぎかっこ）や「?」（クエスチョンマーク）、「・」（なかぐろ）など、特によく使う記号はキーボードの右側に配置されているので、入力も簡単です。一方、キーボードにない文字はどうやって入力すればよいのでしょうか。
実は、記号も漢字と同様、読みがなを入力し、Space キーを押して変換することで簡単に入力できます。読みがながわからない記号に関しては、「きごう」と入力して変換すると、変換候補として主な記号が表示されます。ここから探してもよいでしょう。

● よく使う記号と読み

記号	読み
〜	から
※	こめ
々	どう、おなじ
…	てん、・・・
【】、『』	かっこ
→、⇨	みぎ、やじるし
★	ほし

1 「きごう」と入力して Space キーを2回押し、Tab キーを押します。

2 変換候補に主な記号が表示されます。

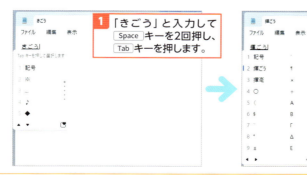

4 選択範囲を差し替える

解説　範囲選択はなぜ必要？

「文字を打ち替えたいなら、わざわざ範囲選択して上書きしなくても、[Back space]キーで削除すればよいのでは?」と思われるかもしれません。しかし、[Back space]キーを連打することで、必要な文字も勢い余って削除してしまう可能性があります。打ち替える範囲を先に指定しておくことで、こうした操作ミスを減らすことができるのです。

1 左ページ同様、[Shift]+カーソルキーで範囲を選択します。

2 差し替えたい文字を入力して変換し、

3 [Enter]キーを押すと、

使えるプロ技!　単語を一発選択できるアプリもある

アプリによっては、マウスを使って一発で単語や段落の選択ができます。選択したい単語や行の上にマウスポインターを合わせ、ダブルクリックで単語選択、トリプルクリックで段落選択ができます。

4 選択した範囲の内容を差し替えることができます。

ショートカットキー

● 文書中のテキストをすべて選択
[Ctrl]+[A]

使えるプロ技!　小さいかなを入力するには？

「ぁ、ぃ、ぅ、ぇ、ぉ、ゃ、ゅ、ょ」といった**小さいかな**を入力するときは、入力する文字の前に[L]キー（または[X]キー）を押します。例えば「うぃんどう」は、[U][L][I][N][N][D][O][U]というように[I]の前に[L]キーを押すと「ぃ」が入力できます。なお、「うぃ」は[W][I]と押しても入力できます。このような、小さいかなをすばやく入力できる組み合わせを覚えておくと、さらに効率よく入力できるでしょう。
「っ」は[L][T][U]で入力できますが、**あとに続く子音を連続させる**ことで、すばやく入力できます。例えば「らっこ」は、[R][A][K][K][O]というように[K]を連続で押すと入力できます。

Section 21 文字を移動／コピーする

ここで学ぶのは
- 文字の移動／コピー
- 文字の貼り付け
- クリップボード

パソコンで文章を編集する最大のメリットは、文字をコピーして複製したり、移動したりといった作業が簡単にできるところです。ここでは、メニューを使った**コピー、貼り付け、移動**の方法を解説します。同じ文字を入力し直すのはエラーのもとなので、なるべく移動／コピーしましょう。

1 文字を移動する

Hint なるべくショートカットキーを使おう

「切り取り、貼り付け、コピー」の操作は、テキスト入力で最も頻繁に行います。これらの操作のショートカットキーを覚えると、マウスに手を伸ばさない分、テキスト入力が格段に早くなります。

これらの操作で使うキーは、キーボードの左下に隣接しています。102ページも参考に、ぜひ覚えておくことをおすすめします。

Key word クリップボード

切り取りやコピーを行うと、そのデータは「クリップボード」という領域に一時的に記憶されます。貼り付けを行うと、クリップボードに記憶されたデータが出力されます。クリップボードの履歴を有効にすると、記憶できる数を増やせます（278ページ参照）。

1 移動したい文字を、92ページの方法で範囲選択します。

58ページの方法で「メモ帳」アプリを起動し、テキストを入力します。

```
ファイル    編集    表示

畠中さんへ
・1000円自治会費支払う
・年賀状の宛名を書く
米谷さんへ
```

2 範囲選択した文字の上で右クリックすると、

```
ファイル    編集    表示

畠中さんへ
・1000円自治会費支払う
・年賀も
米谷さん   ↶ 元に戻す

           ✂ 切り取り

           ⧉ コピー
```

3 メニューが表示されます。

4 [切り取り]をクリックして、

5 文字を切り取ります。

```
ファイル    編集    表示

畠中さんへ
・自治会費支払う
・年賀状の宛名を書く
米谷さんへ
```

切り取った文字は、クリップボードに一時保存されています。

ショートカットキー

● 文字の切り取り
[Ctrl]+[X]

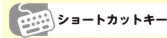

ショートカットキー

● 文字の貼り付け
[Ctrl]+[V]

 Hint 何度でも貼り付けできる

クリップボードに記憶された内容は、次に何らかのコピーや切り取りが行われるまでは保持されるため、何度でも貼り付けできます。

2 文字をコピーする

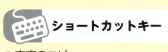

ショートカットキー

● 文字のコピー
[Ctrl]+[C]

 使えるプロ技！ アプリケーションキーを使う

キーボードによっては、右下に「アプリケーションキー」が存在する場合があります。これは、マウスに手を伸ばすことなく右クリックメニューを表示できるキーです。

アプリケーションキー

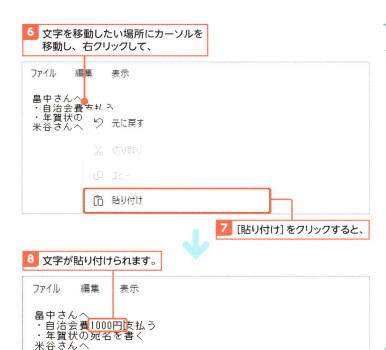

6 文字を移動したい場所にカーソルを移動し、右クリックして、

7 [貼り付け]をクリックすると、

8 文字が貼り付けられます。

1 コピーしたい文字を範囲選択し、

2 右クリックメニューを表示して[コピー]をクリックします。

3 文字を複製したい場所にカーソルを移動し、右クリックメニューを表示して[貼り付け]をクリックします。

21 文字を移動／コピーする

3 文字入力の基本をマスターする

95

Section 22 アプリ間で移動／コピーする

ここで学ぶのは
- 他のアプリへのコピー
- 他のアプリへの移動
- 他のアプリへの貼り付け

クリップボードが使えるのは、1つのアプリ内だけではありません。アプリを複数立ち上げて、アプリ間でクリップボードのデータを利用することができます。ここでは「メモ帳」アプリをもう1つ立ち上げて、テキストをコピー（複製）してみましょう。

1 メモ帳を複数起動する

 解説　アプリ間のコピー&貼り付け

クリップボードを利用したアプリ間のコピー&貼り付けは、パソコンで作業するときの基本中の基本です。ここでは2つの「メモ帳」アプリを利用していますが、電卓とメモ帳、WordとExcelといった別の種類のアプリ間でもコピーできます。アプリが対応していれば、テキストだけでなく画像などもコピーできます（注：メモ帳は画像には対応していません）。

 Hint　新しいタブを開く

［ファイル］→「新しいタブ」をクリックするか、タブの右にある［新しいタブの追加］＋をクリックすると、新しいタブを開くことができます。

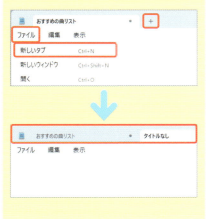

58ページの方法で「メモ帳」アプリを1つ起動しています。

1 ［ファイル］をクリックして、

2 ［新しいウィンドウ］をクリックすると、

3 「メモ帳」アプリがもう1つ起動します。

2 他のメモ帳にコピーする

Hint 別のアプリ間でコピーする

同じパソコン内なら、別の種類のアプリにもコピーできます。同じ文章を他の文書ファイルでも使いたいという場合はもちろん、例えばメモ帳に入力していた内容をコピーして❶、Webブラウザーアプリに貼り付けて❷検索するといった用途にも使えます。

Memo アプリ間で移動する

コピーだけでなく、アプリ間でテキストの移動も可能です。移動したいテキストを範囲選択して、右クリックメニューで[切り取り]をクリックします。次にもう一方のアプリ上で右クリックメニューを表示し、[貼り付け]をクリックしましょう。

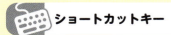

ショートカットキー

● 新しいタブを開く
　[Ctrl]+[N]

● 新しいウィンドウを開く
　[Ctrl]+[Shift]+[N]

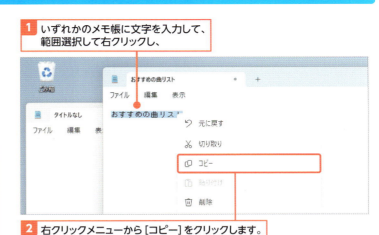

1 いずれかのメモ帳に文字を入力して、範囲選択して右クリックし、

2 右クリックメニューから[コピー]をクリックします。

3 もう一方のメモ帳をクリックしてアクティブ状態にしたら、

4 右クリックメニューを表示して[貼り付け]をクリックします。

5 アプリ間でコピー、貼り付けができました。

Section 23 入力したテキストを保存する

ここで学ぶのは
- ファイル
- 名前を付けて保存
- 上書き保存

テキストは**ファイル**という形で保存しておかないと、せっかく入力した内容が消えてしまいます。ここでは、入力・編集したテキストを「テキストファイル」として保存し、編集した内容を上書き保存するまでの流れを解説します。

1 名前を付けて保存する

Key word　ファイル

「ファイル」とは、文書や写真といったデータのまとまり（単位）のことです。ファイルは、コピーや削除をしたり、保存する場所を移動したりといった操作ができます。詳しくは104ページで解説します。

解説　「.txt」の前を変更する

ファイルを保存する際、ファイルを区別するために必ずファイルの名前（ファイル名）を付ける必要があります。なお、テキストを保存する際の「.txt」の部分を「拡張子」といいます（108ページ参照）。ファイル名を付けるときは、拡張子より前の部分のみを変更しましょう。

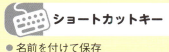

ショートカットキー

● 名前を付けて保存
　Ctrl + Shift + S

1 [ファイル]をクリックして、

2 [名前を付けて保存]をクリックします。

「名前を付けて保存」ウィンドウが表示されます。

3 ファイルの名前を入力して（ここでは「テキスト編集.txt」）、

初期設定では、パソコンの[ドキュメント]という場所に保存されます。

4 [保存]をクリックします。

2 少し修正して上書き保存する

解説 まめな上書き保存が大切

急にパソコンの電源が落ちてしまった、操作を間違えて保存する前にアプリを閉じてしまった……。そんな不測の事態に備え、「こまめな上書き保存」を意識しましょう。上書き保存のタイミングに決まりはありませんが、入力が一息ついたときなどに保存するくせをつけるとよいでしょう。保存されているかどうかは、右図のようにタブやタイトルバーの で確認できます。

使えるプロ技！ セッションの自動保存

「メモ帳」などの一部のアプリには、作業中の文書などのデータを自動保存する機能が備わっています。この機能が備わるアプリでは、ファイルとして保存せずにアプリを終了しても、次回同じアプリを起動した際に、終了時に開いていたウィンドウやタブの内容が復元されるので、うっかりミスでのデータ消失のリスクを最小化できます。

ただし、これは一時的なデータ（セッション）として保存されているだけなうえ、ウィンドウやタブを閉じると失われてしまうため、重要なデータは、このセクションの手順に従ってファイルとして保存しておくことをおすすめします。

ショートカットキー

● 上書き保存
[Ctrl] + [S]

入力したテキストを保存する

3 文字入力の基本をマスターする

Hint 保存せずにファイルを閉じる

変更を保存せずにファイルを閉じるには、以下のように操作します。複数のウィンドウでファイルを開いている場合は、各ウィンドウの[閉じる]をクリックします。

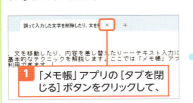

99

Section 24 日本語の入力を高速化する

ここで学ぶのは
- 単語の登録
- ユーザー辞書
- キーの割り当て

文書をすばやく仕上げるためには、ただキーを打つスピードを速くするだけでは不十分で、入力を効率的に行う工夫が必要です。ここでは、よく使う単語を**単語登録**してすばやく入力する方法や、**キーの割り当て変更**で英数字入力モードと日本語入力モードの切り替えを楽にするテクニックを解説します。

1 単語を登録する

解説 単語登録のメリット

単語登録は、より少ないキー入力でより多くの文字を入力できるほか、打ち間違いをなくせるというメリットもあります。登録作業は少し面倒かもしれませんが、その分メリットも大きいので、積極的に単語登録することをおすすめします。

Hint 辞書を編集する

単語登録した単語は「ユーザー辞書」に登録されます。「読み」の修正などユーザー辞書を編集したい場合は、手順5の左にある[ユーザー辞書ツール]をクリックしましょう。

1 [あ]または[A]を右クリックして、
2 [単語の追加]をクリックします。
「単語の登録」画面が表示されます。
3 単語を入力し、
4 読みを入力して、
5 [登録]をクリックします。
6 登録が終わったら、「閉じる」をクリックして画面を閉じます。

Hint どんな単語を登録する？

会社や自宅の住所、電話番号、変換できない人名などのほか、メールでよく使う「お世話になっております、○○です。」といった文章も登録できます。なお「読み」のほうは、入力時に思い出せるような、単語と関連のある文字列にすると入力もスムーズです。

7 読みを入力して、

8 Space キーで変換すると、登録した単語に変換されます。

2 英数字入力／日本語入力の切り替えキーを変更する

解説 おすすめのキーの割り当て

入力モードを切り替える 半角/全角 キーは、少し押しにくい場所にあることが多いため、右のように操作して、スペースキーの左右にある 無変換 変換 にそれぞれ英数字入力、日本語入力のモードを割り当てておくことをおすすめします。

これまでは画面右下の入力モードを目視しないと現在の入力モードを確認できませんでしたが、直前に押したキーが 無変換 か 変換 かで、現在の入力モードを把握できるようになり、便利です。

使えるプロ技！ ショートカットキーで入力モードを切り替える

仕事の都合などで、日本語キーボード以外を使っている場合は、半角/全角 キーや 変換 キー、無変換 キーがキーボードに備わっていないことがあります。このようなキーボードを使う場合は、ショートカットキーで入力モードを切り替えるように設定しましょう。

設定するには右の手順 **4** の画面で、Ctrl + Space あるいは Shift + Space に [IME-オン／オフ] を割り当てます。

1 [あ] または [A] を右クリックして、　**2** [設定] をクリックします。

3 [キーとタッチのカスタマイズ] をクリックして、

4 [キーの割り当て] をクリックしてオンにします。

5 [無変換キー] に [IME-オフ] を設定し、

6 [変換キー] に [IME-オン] を設定します。

それぞれのキーを押すだけで、英数字入力（半角）モード、日本語入力（全角）モードを切り替えられます。

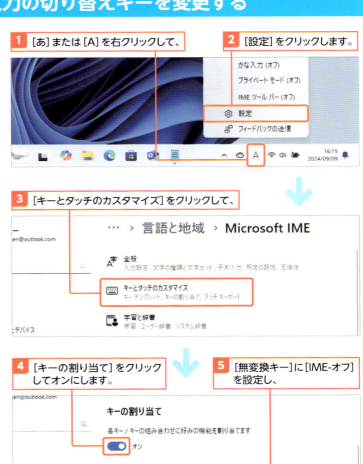

Section 25 ショートカットキーで操作をスピードアップする

ここで学ぶのは
- パソコン操作の高速化
- ショートカットキー
- Ctrl キー

ショートカットキーとは、キーボードを使って特定の機能を呼び出すための、キーの組み合わせのことです。パソコン操作を高速化する定番テクニックでもあります。ここでは、アプリのメニューに併記されているショートカットキーを確認して使う方法と、特に覚えてほしい定番ショートカットキーを解説します。

1 ショートカットキーを確認して使う

解説　メニューにショートカットキーが併記されている

メニューを表示して行う操作は、たいていショートカットキーを使っても同じ操作ができます。ショートカットキーを覚えると、マウスに手を伸ばして操作せずに済むため、パソコンの操作がスピードアップします。
多くのメニューでは、項目の横にショートカットキーが載っています。よく行う操作のショートカットキーを試してみましょう。

Hint　Ctrl + Z をうまく押すコツ

キーボード左下の Ctrl キーと Z キーは両方とも左手の小指が担当するキーのため、ホームポジションのままではうまく押せません。左手小指で Ctrl キーを押した状態で、薬指や中指で Z キーを押しましょう。右下にも Ctrl キーがあるキーボードなら、右手小指で Ctrl キーを押しながら、左手小指で Z キーを押してもよいでしょう。

1 アプリ（ここでは「メモ帳」）のメニューを開いて、ショートカットキーを確認します。

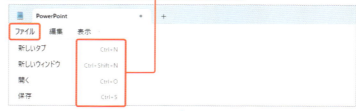

2 例えば Ctrl キーと S キーを同時に押すと、その機能（この場合は「上書き保存」）が実行されます。

● ほとんどのアプリで使える定番ショートカットキー

ショートカットキー	機能
Ctrl + C キー	コピー
Ctrl + X キー	切り取り
Ctrl + V キー	貼り付け
Ctrl + S キー	ファイルを上書き保存する
Ctrl + O キー	ファイルを開く
Ctrl + P キー	印刷する
Ctrl + N キー	ファイルを新規作成する
Ctrl + Z キー	直前の操作を取り消す

第 **4** 章

ファイルとフォルダー を自在に扱う

　パソコンで写真や文書などを管理する際は、「ファイル」単位でデータを扱います。まずは「ファイルとは？」「フォルダーとは？」をしっかり理解しましょう。そのうえで、名前の付け方や整理の方法、コピーや削除、移動といった管理方法を習得しましょう。

Section 26 ▶ ファイルとフォルダーを知ろう

Section 27 ▶ エクスプローラーでファイルを探す

Section 28 ▶ ファイル名を変更する

Section 29 ▶ フォルダーを作成する

Section 30 ▶ ファイルやフォルダーをコピー／移動／削除する

Section 31 ▶ ファイルの表示形式を変更する

Section 32 ▶ ファイルを検索する

Section 33 ▶ タブを使って複数のフォルダーを同時に開く

Section 34 ▶ よく使うフォルダーを固定する

Section 35 ▶ ファイルを圧縮／展開する

Section 26 ファイルとフォルダーを知ろう

ここで学ぶのは
- ファイル
- フォルダー
- 内蔵ストレージ（ドライブ）

第3章では、入力したテキストを「テキストファイル」として保存しました。このファイルとはどんなもので、パソコンでどう扱われるのか、スマホとの違いも交えて解説します。さらに、ファイルを整理するために欠かせないフォルダーについても、その役割や構造を詳しく解説します。

1 データはファイルとして保存される

コンピューターが扱いやすいように、データを適当な単位でまとめたものをファイルといいます。デジタルカメラから取り込んだ写真や、WordやExcelで作った文書などのデータを、パソコンでは個別のファイルとして扱います。

スマホの場合、個々のアプリがデータを持っており、ファイルという存在を意識することはほとんどありません。あるアプリのデータを他のアプリから利用する際は、アプリ間でデータを共有（転送）します。

スマホのデータ管理

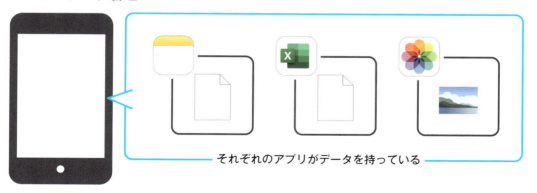

それぞれのアプリがデータを持っている

対してパソコンでは、基本的にアプリとファイルが独立しています。ユーザーはエクスプローラーというファイル管理専用アプリを介して、ファイルのコピーや削除、編集といった操作を行います。目的に応じてアプリを切り替えて、あるアプリで作成したファイルを別のアプリで開いて加工するといった使い方もよくします。パソコンでもスマホでも、ハードディスクやSSDなどの保存領域（ストレージ）にデータを保存することに変わりはありませんが、その管理方法は大きく異なることを覚えておきましょう。なおスマホでも最近はファイル管理アプリが搭載されていますが、操作できる範囲は限定的で、パソコンほどの自由度はありません。

パソコンのデータ管理

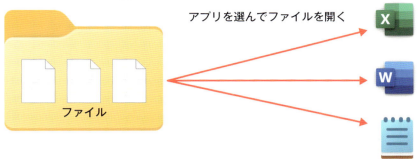

2 ファイルはフォルダーで整理される

ファイルが1カ所に大量に保存されていると、目的のファイルが探しづらくなります。そんなときに便利なのが、ファイルを整理するための入れ物であるフォルダーです。フォルダーには名前を付けることができ、フォルダーの中にさらにフォルダーを作って、ファイルを細かく分類することもできます。
パソコンの内蔵ストレージ（ハードディスクやSSDのことで、ドライブとも呼びます）はあらかじめフォルダーで分けられていますが、［Windows］や［Program Files］などのフォルダーはOS用であり、基本的にユーザー側で操作することはありません。ユーザーが操作できるのは、［ユーザー］フォルダー内に作成されている、ユーザーごとのフォルダーのみです。なお、OneDriveへのバックアップを有効にしている場合は、フォルダー構成が変化します（310ページ参照）。

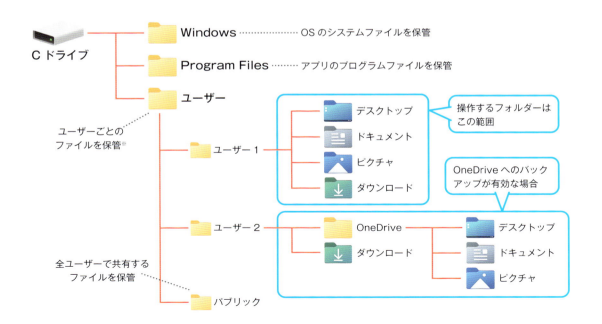

※1台のパソコンを複数人で使用する場合に、2人目以降の分のフォルダーが作られます。

Section 27

エクスプローラーで
ファイルを探す

ここで学ぶのは
- エクスプローラー
- ナビゲーションウィンドウ
- ツールバー

Windows 11では、エクスプローラーというアプリでファイルを管理しています。ここでは、第3章で保存したファイルが実際どのように保存されているのか、エクスプローラーを操作して確認します。エクスプローラーがどのような画面構成になっているかもあわせて解説します。

1 エクスプローラーを起動する

解説　エクスプローラー

「エクスプローラー」の意味は「探検者」。フォルダーの階層をたどりながらファイルを探す様子が由来のようです。Windows 10までのリボンインターフェースに代わり、Windows 11ではコンパクトなツールバーが採用されました。ツールバーに見当たらなくなった機能の大半は、右側の[表示]メニューや[もっと見る]メニューから利用できます。

ショートカットキー

● エクスプローラーの起動
　⊞ + E

Memo　ホーム

エクスプローラー起動時に表示される[ホーム]には、クイックアクセス、お気に入り（122ページ参照）、最近使用した項目（118ページ参照）などが表示されます。

Hint　特殊フォルダー

Windows 11には、[ドキュメント][ピクチャ][ビデオ]といったフォルダーが標準で用意されています。これらは「特殊フォルダー」といいます（111ページ参照）。

1 タスクバーの[エクスプローラー]をクリックすると、

2 「エクスプローラー」のウィンドウが表示されます。

3 左側に表示されている[ホーム]をクリックして、

4 [ドキュメント]をダブルクリックします。

> **解説** 標準の保存場所

アプリで作成したテキストファイルを保存するとき、たいていの場合、標準の保存先は[ドキュメント]になっています。98ページでも保存先を特に変更しなかったため、テキストファイルは[ドキュメント]フォルダーに保存されています。もちろん、保存先を任意の場所に変更することも可能です。

5 [ドキュメント]フォルダーが開き、保存したファイルを確認できます。

2 エクスプローラーの画面構成

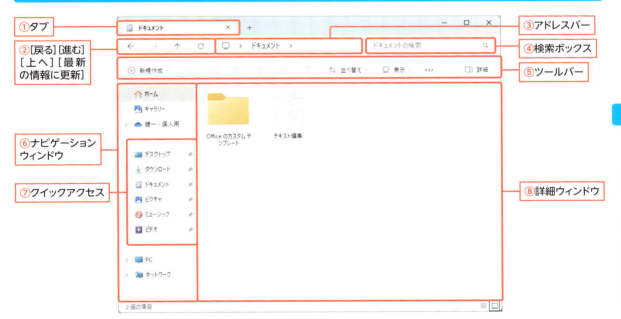

① タブ
② [戻る][進む][上へ][最新の情報に更新]
③ アドレスバー
④ 検索ボックス
⑤ ツールバー
⑥ ナビゲーションウィンドウ
⑦ クイックアクセス
⑧ 詳細ウィンドウ

項目名	機能
①タブ	タブを追加して他のフォルダーを表示できます。
②[戻る][進む][上へ][最新の情報に更新]	フォルダーの階層の移動に利用します。[戻る]は直前に開いていたフォルダーに戻り、[進む]は[戻る]をクリックする前の場所に進みます。[上へ]は1つ上の階層へ移動します。[最新の情報に更新]をクリックすると、ウィンドウ（タブ）の内容を最新の状態に更新します。
③アドレスバー	現在表示しているフォルダーやファイルの場所（パス）を表示します。パスやフォルダー名を入力して、その場所にジャンプすることもできます。
④検索ボックス	現在開いているフォルダー内からファイルやフォルダーを検索します。
⑤ツールバー	ファイルやフォルダーを操作するためのボタンが並べられています。左端の[新規作成]からファイルやフォルダーの作成メニューを、右側の[表示]や[もっと見る]から詳細操作のメニューを利用できます。
⑥ナビゲーションウィンドウ	フォルダーを階層構造で表示します。クリックするとその階層を詳細ウィンドウに表示します。
⑦クイックアクセス	よく使うフォルダーを表示します。
⑧詳細ウィンドウ	ナビゲーションウィンドウで選択したフォルダーの内容を表示します。

Section 28

ファイル名を変更する

ここで学ぶのは
- ファイル名
- 拡張子
- 名前の変更

エクスプローラーを起動して、ファイルやフォルダーを実際に操作していきましょう。ここでは、ファイル名をわかりやすいものに変更します。ファイルもフォルダーも、名前の変更方法は同じです。まずはファイル名と拡張子の関係を押さえてから、実際にファイル名を変えてみましょう。

1 ファイル名と拡張子

第3章の98ページでは「テキスト編集.txt」という名前でファイルを保存しました。この「.txt」の部分を拡張子といい、ファイルの種類を表します。拡張子を誤って変更すると、ファイルの種類をアプリが認識できず、開けなくなる場合があります。そうしたミスを防ぐため、Windows 11の初期設定では拡張子は非表示になっています。

拡張子の表示／非表示は好みで設定してかまいません。Webページ制作やプログラミングをする人は、ファイルの種類を正確に把握する必要があるため、拡張子を表示することが多いです。

拡張子を表示するには、エクスプローラーのツールバーの[表示]をクリックして、[表示]→[ファイル名拡張子]をクリックします。

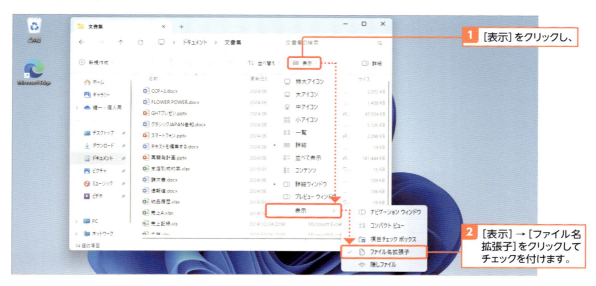

2 わかりやすい名前に変更する

Memo ファイル名をクリックして変更する

ファイルやフォルダーの名前をゆっくり2回クリックして、名前を編集状態にすることもできます。速すぎるとダブルクリックと認識されてファイルが開かれるので、2回のクリックの間を空けてください。

ショートカットキー

● 名前の変更
F2

Hint 同じ名前には変更できない

同じフォルダー内にあるファイル同士は、同じ名前にできません（フォルダーも同様）。どちらかを別のフォルダーに移動すれば同じ名前にできますが、被らない名前のほうが望ましいでしょう。

106ページの方法で、ファイルが保存されている場所を開きます。

1 ファイルをクリックして選択し、

2 ツールバーの[名前の変更]をクリックします。

3 名前を入力してEnterキーを押すと、ファイル名が変更されます。

フォルダー名も同様の方法で変更できます。

使えるプロ技！ 複数のファイル名を変更する

複数のファイル名を変更する場合、最初のファイル名を入力したあとにTabキーを押すと、次のファイルが名前の編集状態になるので、マウスを使うことなく入力を続けられます。

複数のファイル名を一気に変更する方法もあります（下図）。まずマウスのドラッグ、またはShift＋カーソルキーで対象のファイルを選択します。ツールバーの[名前を変更]をクリックすると1つのファイルが名前の編集状態になるので、名前を変更してEnterキーで確定しましょう。変更したファイルを先頭に、連番が付いたファイル名に一気に変更できます。

Section 29 フォルダーを作成する

ここで学ぶのは
- [ドキュメント] フォルダー
- アドレスバー
- 特殊フォルダー

新しいフォルダーは、ツールバーの [新規作成] から簡単に作成できます。作成したフォルダーは「新しいフォルダー」という名前になっていますが、あとから変更できます。ここでは、[ドキュメント] フォルダー内に新しいフォルダーを作成し、そのフォルダーを開いてみましょう。

1 フォルダーを作成する

Hint デスクトップにもフォルダーを作成できる

デスクトップ上で右クリックし、表示されたメニューで [新規作成] → [フォルダー] と選択すると、フォルダーを作成できます。Windowsのデスクトップは、エクスプローラー内では [デスクトップ] という特殊フォルダーとして表示されます。ここにフォルダーを作成してファイルを保存することもできます。

昔からパソコンユーザーには、デスクトップ上にたくさんファイルを置く「デスクトップ許容派」と、文書専用フォルダーを優先して使う「ドキュメント必須派」がいます。自分に合ったスタイルを選びましょう。

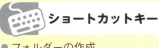
ショートカットキー
- フォルダーの作成 Shift + Ctrl + N

1 ツールバーの [新規作成] をクリックし、

2 [フォルダー] をクリックすると、

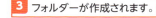

3 フォルダーが作成されます。

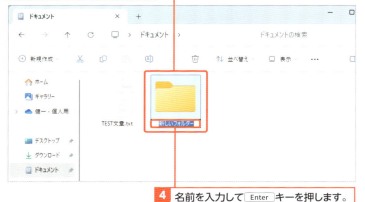

4 名前を入力して Enter キーを押します。

2 フォルダーを開く（エクスプローラーの階層を移動する）

Hint アドレスバーで移動する

アドレスバーに表示されているパスの各部はボタンになっており、クリックしてその階層に移動することもできます。また、間の ＞ をクリックすると、階層内のフォルダーを選択して移動できます。なお、「パス」とは特定のファイルまでのフォルダーの階層、経路を意味する言葉です。

1 作成したフォルダーをダブルクリックすると、

2 フォルダー内が表示されます。

[戻る]をクリックすると、1つ前のフォルダーに戻ります。

Memo 特殊フォルダーとは

内蔵ストレージ内に初めから存在している［デスクトップ］［ドキュメント］［ピクチャ］などのフォルダーを「特殊フォルダー」といいます。特殊フォルダーは通常のフォルダーと異なり、特別な用途で使うためにWindowsが用意しているものです。
これらの特殊フォルダーは、エクスプローラーのナビゲーションウィンドウで［ホーム］をクリックすると表示できます。
なお、105ページの下のイラストで触れたように、特殊フォルダーが作られている場所はOneDriveへのバックアップを有効にしているかどうかで変わります。

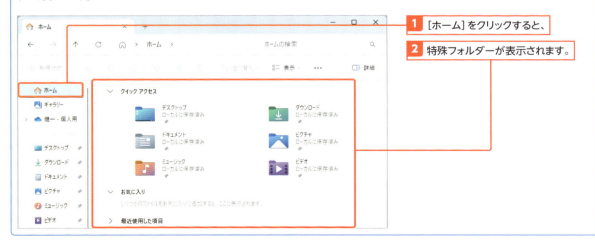

1 ［ホーム］をクリックすると、

2 特殊フォルダーが表示されます。

Section 30

ファイルやフォルダーを
コピー／移動／削除する

ここで学ぶのは
▶ ファイルのコピー
▶ ファイルの移動
▶ ファイルの削除

ファイルやフォルダーは作成するだけでなく、**自由にコピー／移動／削除**できます。ここでは、フォルダーへファイルを移動する方法、ファイルをコピー（複製）する方法、ファイルを削除する方法を一連の流れで解説します。いくつかやり方があるので、状況に合わせて使い分けましょう。

1 フォルダーにファイルを移動する

Hint　複数ファイルの操作も可能

複数のファイルに対しても、もちろんコピー／移動／削除の操作ができます。マウスでドラッグするか、または Shift ＋カーソルキーで複数のファイルを選択して、右の手順と同様に操作してください。

106ページの方法で ［ドキュメント］ フォルダー内を表示します。

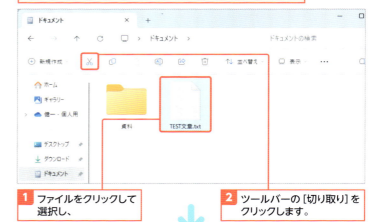

1 ファイルをクリックして選択し、

2 ツールバーの ［切り取り］ をクリックします。

このファイルは切り取られている状態です。

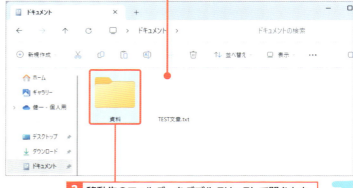

3 移動先のフォルダーをダブルクリックして開きます。

Memo　操作したファイルが見当たらない？

コピーや移動などを行ったはずのファイルが見当たらない場合、ツールバーの ［最新の情報に更新］ をクリックするか、F5 キーを押してエクスプローラーを最新の情報に更新することで、表示される可能性があります。

Hint テキストと同じショートカットキーが使える

ファイルやフォルダーに関しても、テキスト入力時と同じ Ctrl + C （コピー）、Ctrl + X （切り取り）、Ctrl + V （貼り付け）のショートカットキーが利用できます。

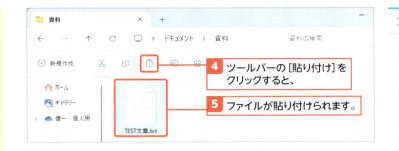

4 ツールバーの[貼り付け]をクリックすると、

5 ファイルが貼り付けられます。

2 ファイルを複製する

隣接しない複数のファイルを選択する

エクスプローラーやデスクトップで、隣接しない複数の項目を選択するには、Ctrl キーを押しながら目的のファイル、フォルダーのアイコンをクリックします。
また、あらかじめ複数の項目を選択した状態で、選択中の項目の1つを Ctrl キーを押しながらクリックすると、その項目だけを選択解除できます。

隣接しないファイルを選択

1 Ctrl キーを押しながらクリックします。

2 隣接しないファイルを選択できます。

特定のファイルだけを選択解除

1 選択中のファイルの中から1つを Ctrl キーを押しながらクリックします。

2 クリックしたものだけが選択解除されます。

1 ファイルをクリックして選択し、

2 ツールバーの[コピー]をクリックします。

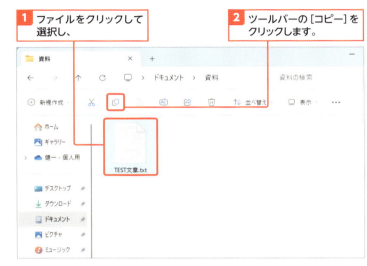

3 ツールバーの[貼り付け]をクリックすると、

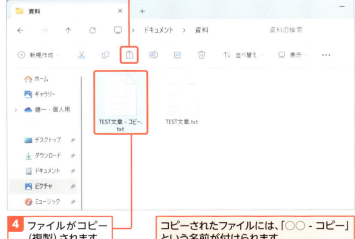

4 ファイルがコピー（複製）されます。

コピーされたファイルには、「○○ - コピー」という名前が付けられます。

30 ファイルやフォルダーをコピー／移動／削除する

4 ファイルとフォルダーを自在に扱う

113

3 ファイルを削除する

解説 [ごみ箱] はデータの一時保管場所

削除したファイルは[ごみ箱]という保存領域に移動します。デスクトップ上のごみ箱アイコンで空かどうかを確認できます。

Hint OneDriveと同期している場合は

OneDriveと同期しているフォルダー内のファイルを削除すると、下図の警告が表示されます。30日以内であればOneDriveのごみ箱からファイルを復元できます。

1 ファイルをクリックして選択し、

2 ツールバーの[削除]をクリックします。

3 ファイルが削除されます。

4 削除したファイルを元に戻す

Memo データを完全に削除する

ごみ箱にいつまでもデータを保存しておくと、パソコンのストレージ容量を圧迫してしまいます。定期的にごみ箱を開き、ツールバーの[ごみ箱を空にする](表示されない場合は[もっと見る]…メニューから)をクリックして、完全消去しましょう。ただしこの操作を行うと、ファイルを元に戻すことはできなくなります。

ショートカットキー

● ファイル(フォルダー)の削除
 `Delete`

1 デスクトップの[ごみ箱]をダブルクリックします。

2 ファイルをクリックして選択し、

3 … → [元に戻す]をクリックします。

4 削除前の場所にファイルが復元されます。

5 エクスプローラーをもう1つ開く

解説 エクスプローラーを2つ開く意味

エクスプローラー1つだと、移動先のフォルダーを開く操作が必要です。移動やコピーを何度も行う場合は、特に手間がかかってしまいます。エクスプローラーを最初から2つ開いておけば、移動元・移動先を常に表示した状態で操作できるので、格段に楽になります。

Hint タブで開く

エクスプローラーでは、タブを使ってフォルダーを操作することもできます（120ページ参照）。

Hint その他の開き方

タスクバーからも、複数のエクスプローラーを開くことができます。［エクスプローラー］ボタンを右クリックしてメニューから［エクスプローラー］をクリックするか、または Shift キーを押しながら［エクスプローラー］ボタンをクリックすると開きます。なお、いずれもエクスプローラーの［ホーム］が開きます。

1 フォルダーを右クリックして、

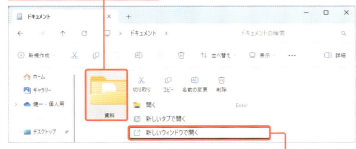

2 ［新しいウィンドウで開く］をクリックします。

3 選択したフォルダーのエクスプローラーが開きます。

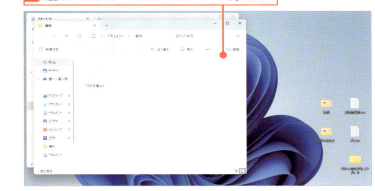

6 ドラッグ＆ドロップで移動／コピーする

解説 ドラッグ＆ドロップでコピー

手順 **1**～**2** を Ctrl キーを押しながら行うと、移動ではなくコピーになります。USBメモリなどの外部ストレージで同様の操作をすると、移動になります。

1 ファイルを選択してドラッグし、

2 移動先でドロップすると、ファイルが移動します。

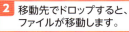

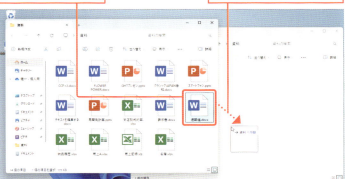

USBメモリなどの外部ストレージのフォルダにドラッグ＆ドロップした場合は、コピーになります。

Section 31 ファイルの表示形式を変更する

ここで学ぶのは
- ファイルの表示形式
- プレビューウィンドウ
- ファイルの並べ替え

エクスプローラーでは「アイコン表示」や「詳細表示」など、ファイルの表示形式を変更できます。さらに、任意の条件で順番を並べ替えることも可能です。初期設定では名前の昇順（あいうえお順）ですが、サイズ順、更新日時順など、思いどおりの並び順に変更してみましょう。

1 アイコン表示や詳細表示に切り替える

解説　ファイルの表示方法

ファイルは、アイコンが大きくて見やすい「特大アイコン」や「大アイコン」、更新日時やファイルサイズが確認できる「詳細」などの種類があります。この表示は、フォルダー内のファイルの種類や数などによってある程度自動的に決まります（画像ファイルが多い場合は、画像のサムネイルが見やすい大アイコンになるなど）が、自由に変更可能です。

Memo　プレビューウィンドウ

プレビューウィンドウでは、エクスプローラーで選択したファイルの中身を開くことなくプレビューできます。プレビューウィンドウを表示するには、ツールバーの［表示］→［プレビューウィンドウ］をクリックしてから、さらにツールバーの［プレビュー］をクリックします。

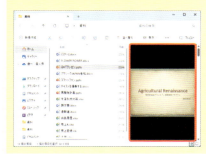

1 ツールバーの［表示］をクリックして、

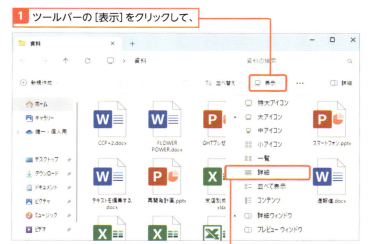

2 ［詳細］をクリックします。

3 詳細表示に変更されます。

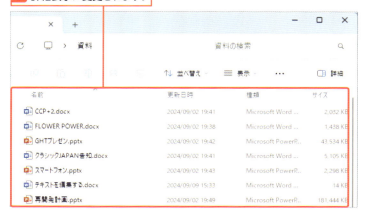

2 ファイルを並べ替える

Memo 詳細ウィンドウ

詳細ウィンドウでは、エクスプローラーで選択したファイルのパスや正確なファイルサイズ、作成更新日時などの詳細を確認できます。詳細ウィンドウを表示するには、[表示]→[詳細ウィンドウ]をクリックしてから、さらにツールバーの[詳細]をクリックします。

Hint ツールバーの[並べ替え]を使う

大アイコン表示など、詳細表示ではないときにファイルを並べ替えたい場合は、ツールバーの[並べ替え]が便利です。名前や更新日時、種類、サイズなどを昇順（小さい順）、降順（大きい順）で並べ替えできます。

また、[並べ替え]の[グループ化]で、ファイルの種類別や作成日時別など任意の条件でグループ化できます（下図）。ファイルが多いときなどの整理方法として活用しましょう。

詳細表示にしています。

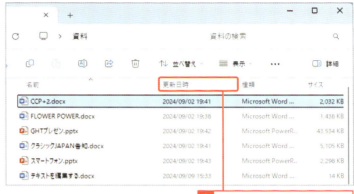

 [更新日時]をクリックすると、

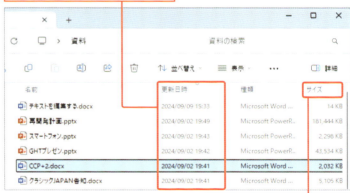

2 更新日時順に並べ替えられます。

 [サイズ]をクリックすると、

4 サイズ順に並べ替えられます。

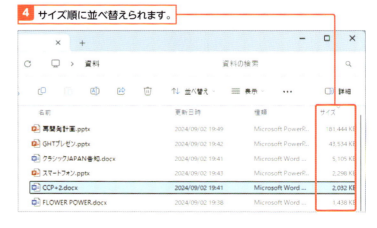

Section 32 ファイルを検索する

ここで学ぶのは
- エクスプローラーからの検索
- タスクバーからの検索
- [検索オプション]

目的のファイルがどこにあるかわからなくなったとき、フォルダーを1つずつ開いて調べていたら手間がかかります。そういうときは、**ファイルの検索**機能を使ってみましょう。ただし、名前を完全に忘れていると検索できないので、普段からフォルダー分けして整理することをおすすめします。

1 フォルダー内のファイルを探す

Memo ファイルの内容から検索する

ファイル内のテキストを検索対象に含めるには、ツールバーの[もっと見る]…→[オプション]をクリックしてフォルダーオプションを表示し、[検索]タブをクリックして、[ファイル名と内容を常に検索する]にチェックを入れます。

Hint 最近使用した項目

[ホーム]の下側には「最近使用した項目」があります。わざわざファイルを検索しなくても、少し前に作成や編集したファイルなら、ここからすぐに探すことができます。

1 検索したいフォルダーを開き、

2 ファイル名を入力して、

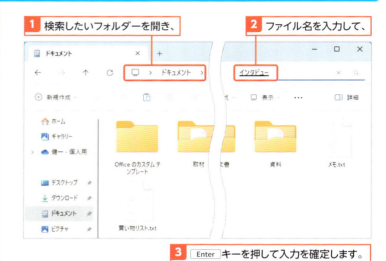

3 Enter キーを押して入力を確定します。

4 合致するファイルが表示されます。

2 タスクバーから検索する

Hint アプリやWebページも探せる

タスクバーの[検索]では、ファイルやフォルダーだけではなく、アプリやWebページの検索も可能です。手順3で検索キーワードを入力したあと、[アプリ]や[ウェブ]などのタブをクリックすると、結果が表示されます。

使えるプロ技! 複数のファイルをまとめて開く

複数のファイルをまとめて開きたい場合は、右クリックメニューから開きましょう。まずはマウスのドラッグ、または[Shift]+カーソルキーで複数のファイルを選択したら、選択したファイル上で右クリックします。メニューから[開く]をクリックすると、複数のファイルを一度に開くことができます。

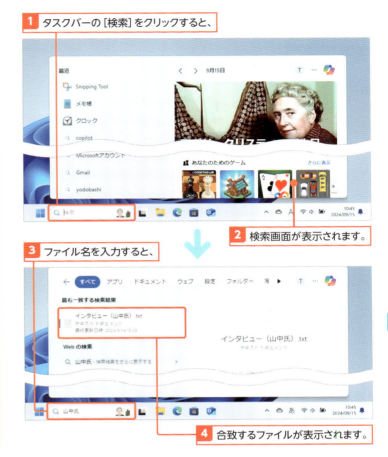

1. タスクバーの[検索]をクリックすると、
2. 検索画面が表示されます。
3. ファイル名を入力すると、
4. 合致するファイルが表示されます。

使えるプロ技! 検索結果を絞り込む

ファイルの検索結果が多数出てきた場合、そこから絞り込むことで、必要なファイルをさらに見つけやすくなります。ツールバーの[検索オプション]（表示されていない場合は[もっと見る]…→[検索オプション]）をクリックし、更新日やファイルの種類などの条件から絞り込みましょう。なお[すべてのサブフォルダー]は検索対象のフォルダー内にあるフォルダーの中までを検索対象とし、[現在のフォルダー]はサブフォルダーを検索対象にしないという意味で、必ずどちらかを設定します。初期設定では[すべてのサブフォルダー]に設定されています。

Section 33

タブを使って複数のフォルダーを同時に開く

ここで学ぶのは
- エクスプローラーのタブ
- タブの追加
- タブ間のドラッグ＆ドロップ

さまざまなフォルダーを同時に開こうとすると、そのままでは画面がエクスプローラーのウィンドウだらけになってしまいます。エクスプローラーのタブを利用すると、1つのウィンドウで複数のフォルダーを同時に開き、切り替えながら作業することができます。

1 タブを追加する

解説 エクスプローラーのタブ

Windows 11のエクスプローラーでは、Webブラウザのようにタブを追加できます。タブにはそれぞれ異なるフォルダーを表示できます。なお、任意のフォルダーをタブで開くには、そのフォルダーを右クリックしてメニューから[新しいタブで開く]をクリックします。

ショートカットキー

● 左から順番に割り振られた番号のタブに切り替える
　Ctrl + 数字キー

Memo タブを閉じる

タブを閉じるには、そのタブの右端にある × をクリックします。あるタブを残して他のタブをまとめて閉じたい場合は、そのタブを右クリックしてメニューから[他のタブを閉じる]または[右側のタブを閉じる]をクリックします。メニューの[タブを複製]をクリックすると、そのタブと同内容のタブを新たに開きます。

1 [新しいタブの追加] + をクリックすると、

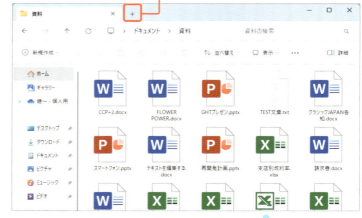

2 タブが追加されます。

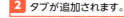
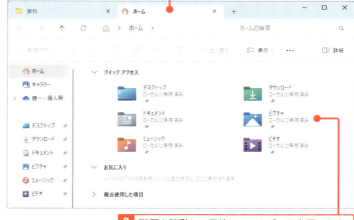

3 階層を移動して目的のフォルダーを表示します。

2 他のタブにファイルをドラッグ＆ドロップする

解説　タブ間のドラッグ＆ドロップ

他のタブにファイルをドラッグ＆ドロップしたい場合は、目的のタブまでドラッグして少し待ち、タブが切り替わってからウィンドウ内にドロップします。慣れるまでついやりがちなのですが、「タブ自体」にドラッグ＆ドロップしても移動できないので、注意しましょう。

Memo　タブのスクロール

タブを大量に表示して、ウィンドウのタイトルバーに表示しきれなくなると、左右にスクロール用のボタンが表示されます。これをクリックしてタブをスクロールできます。

1 ファイルを目的のタブまでドラッグすると、

2 タブが切り替わるので、

3 フォルダー内にドロップします。

使えるプロ技！　タブを並べ替える／別ウィンドウに移動する

タブはドラッグ＆ドロップすることで並べ替えることができます。また、異なるウィンドウで開いているタブを、もう一方のウィンドウにドラッグ＆ドロップして移動することもできます。

タブの並べ替え

1 タブを左（右）方向にドラッグします。

2 タブがドラッグ＆ドロップした位置に移動します。

タブを別ウィンドウに移動

1 タブを別ウィンドウのタブバー付近にドラッグ＆ドロップします。

2 タブがドロップ先のウィンドウに移動、結合されます。

Section 34 よく使うフォルダーを固定する

ここで学ぶのは
- クイックアクセス
- クイックアクセスにピン留め
- よく使う項目を非表示にする

クイックアクセスとは、エクスプローラーの左に常に表示される項目です。ここによく使うフォルダーをピン留めして表示することで、アクセスしやすくする役割があります。クイックアクセスには基本的に自動で追加されますが、手動でフォルダーを追加することもできます。

1 クイックアクセスにピン留めする

Hint タスクバーからフォルダーを開く

クイックアクセスにピン留めしたフォルダーは、タスクバーの[エクスプローラー]ボタンのジャンプリストにも表示され、ここから開くこともできます。

1 フォルダーを右クリックして、

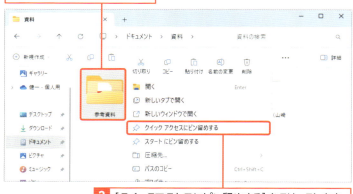

2 [クイックアクセスにピン留めする]をクリックします。

Hint ファイルをお気に入りに追加する

よく使うファイルは[ホーム]のお気に入りに追加できます。ファイルを右クリックして、[お気に入りに追加]をクリックします。

3 クイックアクセスにフォルダーが表示されます。

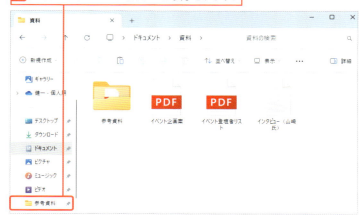

2 クイックアクセスからピン留めを外す

解説 フォルダーそのものは削除されない

ピン留めを外すことで、フォルダーをクイックアクセスから外すことができます。フォルダーそのものが削除されるわけではないので、安心してください。

Hint [スタート] メニューにピン留めする

よく使うフォルダーは、[スタート] メニューにもピン留めできます。ピン留めしたいフォルダーを右クリックして、[スタートにピン留めする] をクリックします。

1 フォルダーを右クリックして、

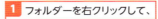

2 [クイックアクセスからピン留めを外す] をクリックします。

3 クイックアクセスから消えます。

Hint よく使う項目を非表示にする

他の人にパソコンの画面を見せるときなど、よく使うフォルダーやファイルが表示されてしまうと都合が悪いときは、非表示にしましょう。エクスプローラーのツールバーの … をクリックして、[オプション] をクリックします。そして [プライバシー] の項目のチェックを外します。

[最近使用したファイルを表示する] のチェックを外すと、エクスプローラーの [ホーム] やジャンプリストの [最近使用した項目] が非表示になります。

[頻繁に使用されるフォルダーを表示する] のチェックを外すと、エクスプローラーのクイックアクセスにフォルダーが自動追加されなくなります。

Section 35 ファイルを圧縮／展開する

ここで学ぶのは
- ファイルの圧縮
- ファイルの展開
- ZIP 形式

ファイルをメールなどで他の人に送るとき、数個であればよいですが、たくさんのファイルだとバラバラに送信するのは望ましくありません。ファイルを圧縮することで、複数のファイルを1つにまとめることができ、やりとりがスムーズになります。

1 ファイルを圧縮する

Key word 圧縮と展開

「圧縮」は、データを元のサイズより小さくし、扱いやすくすることです。反対に、元のサイズに戻すことを「展開（または解凍）」といいます。圧縮の方法はさまざまありますが、一般的なのは「ZIP」（ジップ）形式です。
複数のファイルを圧縮すると1つのデータにまとめられるため、ファイルを管理しやすくなります。また、ファイルをメールで送るときや受け取ったとき、ファイルが複数あるとそのぶん添付やダウンロードに時間がかかりますが、圧縮されたファイルであれば、1つのファイルだけで済むため手間が省けます。

① ファイルを選択し、
② [もっと見る]をクリックします。

③ メニューから、[ZIPファイルに圧縮する]をクリックします。

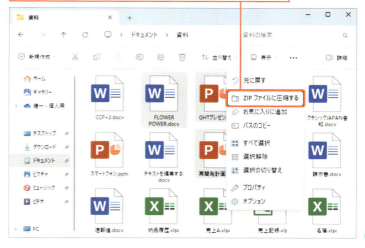

Memo 右クリックメニューで圧縮

右クリックメニューで[圧縮先]をクリックしてファイル形式を選択しても、ファイルやフォルダーを圧縮できます。この方法の場合、ZIP以外の圧縮ファイル形式を選択できます。

4 ZIPファイルが作成されます。

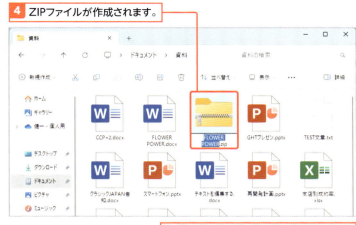

名前を入力して、Enterキーを押します。

2 ZIPファイルの中身を確認する

Hint ファイルを受け渡すさまざまな方法

ファイルは、圧縮してメールに添付する（174ページ参照）、USBメモリに保存して渡す（253ページ参照）などの方法のほか、「OneDrive」などのクラウドストレージを使って共有する方法もあります（202ページ参照）。

使えるプロ技！ ドラッグ＆ドロップでファイルを取り出す

エクスプローラーでZIPファイル内を表示した状態で、その中のファイルをドラッグ＆ドロップして取り出すこともできます。ほしいファイルが全体のごく一部のときに便利です。

1 ZIPファイルをダブルクリックすると、

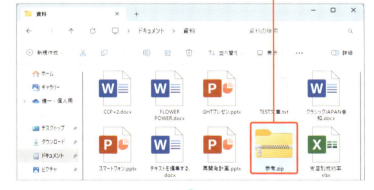

2 ZIPファイル内のファイルを確認できます。

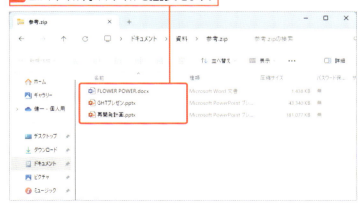

3 ZIPファイルを展開する

右クリックメニューでも展開できる

右の手順のようにツールバーを利用する代わりに、ZIPファイルを右クリックして、メニューから[すべて展開]を選択しても展開できます。

展開したファイル名が文字化けしたときは

Macなど、Windows以外の環境で作成したZIPファイルを展開すると、日本語のファイル名が文字化けすることがあります。その場合はWindows標準の展開機能ではなく、他の展開アプリを使いましょう（307ページ参照）。

ファイルの右クリックメニューが短くなった

Windows 11では、ファイルを右クリックしたときに表示されるメニューの項目が減り、短くなりました。Windows 10までのメニューを表示したい場合は、メニュー最下部の[その他のオプションを確認]をクリックします。もしくは Shift +右クリックでも以前のメニューを表示できます。

1 ZIPファイルを選択し、

2 [もっと見る]…→[すべて展開]をクリックします。

[参照]で、展開する場所を変更できます。

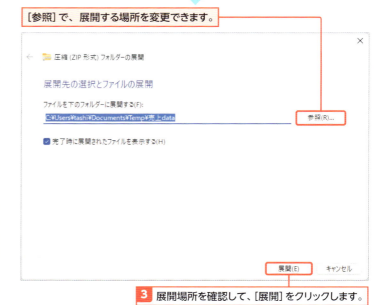

3 展開場所を確認して、[展開]をクリックします。

4 圧縮されていたファイルが展開されます。

第 **5** 章

インターネットを快適に利用する

　現在のパソコンでインターネットのWebサイトを利用することは欠かせないものとなっています。この章では、インターネットへの接続方法から始まり、Windows 11に付属するWebブラウザー「Microsoft Edge（マイクロソフト エッジ）」の使い方について解説します。Microsoft Edgeでは、Webページの閲覧のほか、「よく見るWebページを登録する」「インターネットで情報を検索する」「外国語で書かれたWebページを日本語に翻訳する」といったことができます。

Section 36	▶ パソコンをインターネットにつなげるには
Section 37	▶ Wi-Fi や有線 LAN に接続する
Section 38	▶ Web ブラウザーの Edge を起動する
Section 39	▶ Web ページを閲覧する
Section 40	▶ Web ページを検索する
Section 41	▶ タブを使って Web ページを閲覧する
Section 42	▶ Web ページを拡大／縮小する
Section 43	▶ 検索エンジンを Google に変更する
Section 44	▶ Web ページをお気に入りに登録する
Section 45	▶ 情報をコレクションする
Section 46	▶ 外国語の Web ページを翻訳して読む
Section 47	▶ インターネットからファイルをダウンロードする
Section 48	▶ インターネットとセキュリティ

Section 36 パソコンをインターネットにつなげるには

ここで学ぶのは
- インターネットへの接続
- プロバイダー
- 光回線

スマートフォンは携帯電話会社と契約するだけでインターネットに接続できますが、パソコンではいくつか準備が必要です。光回線などを提供する回線事業者や、インターネットに接続するサービスを提供している通信事業者（プロバイダー）との契約が必要になります。他にネットワーク機器が必要となることもあります。

1 パソコンをインターネットに接続するまでの流れ

 回線事業者とプロバイダー

パソコンでインターネットを利用するには、回線事業者とプロバイダーの2つの契約が必要です。回線事業者は家庭から収容局までを光ケーブルなどでつなぐ「回線」を提供します。代表的な回線事業者にNTTがあり、皆さんの自宅にひかり電話が引かれていれば、回線事業者と契約済みです。
プロバイダーは正しくはインターネットサービスプロバイダー（ISP）と呼び、インターネットに接続するネットワークを所有しており、契約者をインターネットに参加させます。
2つの事業者の役割は異なりますが、NTTフレッツ光のように、回線事業者とプロバイダーを兼ねる事業者もあります。

⚠️ **注意　常時接続が望ましい**

スマートフォンでは通信量の上限を決めた契約が一般的ですが、パソコンの場合は無制限に通信できる常時接続が望ましいです。パソコンは通信量が増えがちなので、スマートフォンと同様の契約だとすぐに使い果たしてしまいます。いわゆる「ギガが足りない」状態になります。

回線事業者と契約
NTTなどの回線事業者と契約します。光電話回線が引かれていれば、それを利用できます。

プロバイダーと契約
プロバイダーと契約するには、回線事業者が提示するものから選ぶか、家電量販店などで申し込みます。

工事・開通
自宅内の工事が必要になることもあります。

パソコンと機器の接続
回線事業者と契約すると、インターネットに接続するための機器が送られてくるので、パソコンと機器を接続します。

パソコンの設定
インターネットを利用するための設定を行います。詳しくは接続機器のマニュアルなどを参照してください。

2 インターネットへの接続方法

解説　光回線を使った接続

パソコンで最も一般的なインターネットへの接続方法は、NTTなどの回線事業者が提供する光回線を利用するものです。回線事業者から「光回線用ルーター（ひかり電話ルーター、ONUと呼ぶことも）」という機器が貸し出されるので、それとパソコンを接続します。ネットワーク接続にはLANケーブルを使用しますが、これもルーターに付属していることが多いです。

Key word　Wi-Fi（無線接続）

ノートパソコンやスマートフォンは、Wi-Fi（ワイファイ）と呼ばれる無線通信で接続することが一般的です。回線事業者が貸し出す光回線用ルーターにWi-Fi機能が内蔵されていることもありますが、ない場合はWi-Fiルーター（Wi-Fi親機）という機器を購入します。

解説　テザリングによる接続

光回線がない場合の接続方法に「テザリング」があります。テザリングとは、パソコンをWi-FiまたはBluetoothでスマートフォンに接続し、スマートフォンのモバイル回線を使ってインターネットに接続することです。スマートフォンの代わりにモバイルWi-Fiルーターという専用の機器を使うこともあります。
テザリングの注意点は、スマートフォンを介した通信となるため、通信料金が高くなりやすいことです。そのため、外出先で接続する場合など、一時的なインターネット接続に使われます。

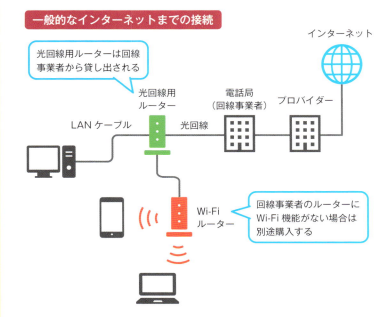

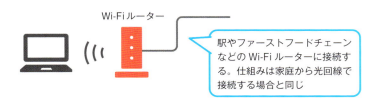

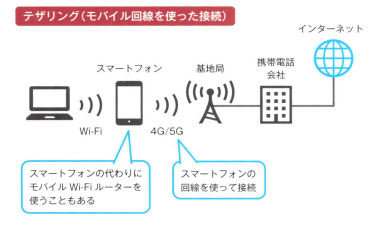

Section 37 Wi-Fiや有線LANに接続する

ここで学ぶのは
- Wi-Fiへの接続
- Wi-Fi接続の管理
- 有線LANへの接続

インターネットに接続するためには、まずパソコンを**ルーターを中心とするネットワーク（LAN）**に接続します。パソコン初回起動時のWindows 11の初期設定でネットワークに接続済みですが、クイック設定の**Wi-Fi接続の管理**を利用して接続先を変更したり、ネットワーク関連の設定を行うことができます。

1 クイック設定からWi-Fiに接続する

解説　Wi-Fi接続の管理

Wi-Fiへの接続を変更するには、クイック設定から表示できる[Wi-Fi接続の管理]を利用します。接続先を表すWi-Fiネットワーク名（SSID）を選んだあと、パスワードを入力します。家庭向けのWi-Fiルーターでは、Wi-Fiルーターの外側にSSIDとパスワードが書いてあります。

Key word　LAN

屋内で使われる小さなネットワークのことをLAN（Local Area Network）と呼びます。光回線ルーターやWi-Fiルーターを設置すると、それを中心にしてLANが構成されます。つまり、パソコンはルーターが構成するLANの一部になります。そのLANがプロバイダーのネットワークの一部になり、さらにプロバイダーのネットワークがインターネットの一部になるわけです。

① [クイック設定]をクリックして、
② [Wi-Fi接続の管理]をクリックすると、
③ 現在利用可能なWi-Fiネットワークが表示されます。

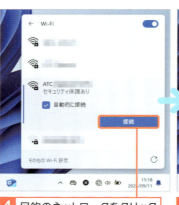

④ 目的のネットワークをクリックして、[接続]をクリックします。

⑤ ネットワークのパスワードを入力し、[次へ]をクリックします。

2 有線LANに接続する

解説 有線LANによる接続

有線LANとは、文字どおりケーブルで機器同士をつなぐLANです。機器同士をLANケーブルでつなぐだけでよく、パスワードの入力などは必要ありません。ルーターにはたいてい2～4個のLANポートが付いているので、そこに接続します。それで足りない場合は「スイッチングハブ」という機器を購入し、それを経由して接続します。

有線LANには1000BASE-TやCAT6（カテゴリ6）などの規格があり、古い規格の機器やケーブルを交ぜて使うと通信速度が低下します。その点さえ注意すれば、特に複雑な設定などもなく快適に利用できます。

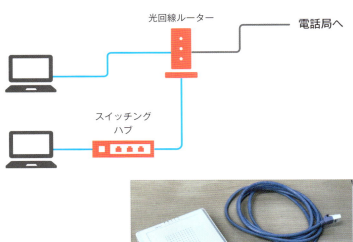

スイッチングハブとLANケーブル

使えるプロ技！ パブリックネットワークとプライベートネットワーク

ネットワーク接続の設定にはパブリックとプライベートがあります。パブリックを選択した場合は、ファイル共有機能などが制限された、情報が漏れにくい設定になります。既定はパブリックで、通常はそのままで問題ありません。プライベートはLAN内の他のパソコンとファイル共有したいときなどに選択します。パブリックとプライベートを変更したい場合は、クイック設定の［Wi-Fi接続の管理］からWi-Fiネットワークの一覧を表示し、接続済みのネットワークを右クリックして、［プロパティ］を選択します。「設定」アプリのWi-Fi設定のページが表示されるので、［パブリックネットワーク（推奨）］または［プライベートネットワーク］を選択します。

［パブリックネットワーク（推奨）］か［プライベートネットワーク］を選択します。

Section 38

Webブラウザーの Edgeを起動する

ここで学ぶのは
- Web ブラウザー
- Edge
- スタートページ

インターネットでWebページを閲覧するには、**Webブラウザー**というアプリを使用します。Windows 11には**Microsoft Edge**（以降「Edge」）が搭載されています。Edgeでは、複数のWebページをタブごとに表示し、タブを切り替えながらWebページを閲覧できます。

1 Edge を起動する

解説　Edge を起動／終了する

Edgeは、[スタート]メニューまたはタスクバーのボタンから起動できます。Edgeを起動すると、スタートページが表示されます。Edgeを終了するには、右上隅の×をクリックします。

Key word　スタートページ

Webブラウザーを起動したときに表示されるWebページを「スタートページ」といいます。Edgeの初期設定ではEdgeの「ホームページ」がスタートページに設定されており、検索ボックスやニュースなどが表示されます。

1 [Microsoft Edge]をクリックすると、

2 Edgeが起動し、スタートページが表示されます。

Hint　サイドバーがなくなった？

以前はEdgeのウィンドウ右端に常時表示されていたサイドバーが、新しいバージョンでは非表示になりました。機能が廃止されたわけではないので、以前からのユーザーで、各種Webアプリを呼び出せるサイドバーを利用していた場合は、以下のように操作してサイドバーを常時表示させておくといいでしょう。

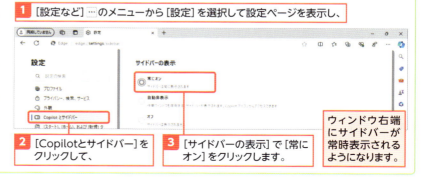

1 [設定など]…のメニューから[設定]を選択して設定ページを表示し、

2 [Copilotとサイドバー]をクリックして、

3 [サイドバーの表示]で[常にオン]をクリックします。

ウィンドウ右端にサイドバーが常時表示されるようになります。

2 Edgeにサインインする

解説 Edgeにサインインする

Edgeにサインインすると、同じMicrosoftアカウントでサインインしているデバイス間の同期が可能になります。サインインしなくても利用できますが、複数のパソコンでEdgeを利用している場合や、新しいパソコンを購入した場合などは、お気に入りやコレクションを同じ設定にできるので便利です。

Memo Edgeからサインアウトする

Webページの閲覧履歴などを他のデバイスと同期させたくない場合や、共用のパソコンを一時的に使用していた場合は、サインアウトしましょう。プロファイルのアイコンをクリックして、[プロファイルの設定を管理] をクリックし、[サインアウト] をクリックします。

1 をクリックします。

環境によっては [同期していません] と表示されるので、それをクリックします。

2 サインインするMicrosoftアカウントを選択して、

3 [サインインしてデータを同期] をクリックすると、サインインします。

Internet Explorerモードを有効にする

Windows 11には古いWebブラウザーのInternet Explorer（以降IE）が付属しておらず、起動もできません。互換性の問題などでどうしてもIEを使う必要がある場合は、EdgeのIEモードを利用します。Edgeの設定ページでこの機能を有効にすると、[設定など] … のメニューから [Internet Explorerモードで再読み込みする] が選択可能になります。

1 [設定など] … のメニューから [設定] を選択して設定ページを表示し、

2 [既定のブラウザー] の [Internet Explorerモードでサイトの再読み込みを許可] で [許可] を選択し、[再起動] をクリックします。

3 メニューにIEモードで再読み込みする項目が追加されます。

Section 39 Webページを閲覧する

ここで学ぶのは
- URL
- Webページの操作
- リンク

Webページを閲覧するには、アドレスバーにURL（Webページの住所）を入力します。リンク（ハイパーリンク）が設定されている文字列や画像をクリックすると、リンク先のWebページが表示されるので、次々とWebページを表示して情報を調べることができます。

1 URLを指定してWebページを表示する

Key word　URL

「URL」とは、Webページの場所を表す文字列のことで、住所のようなものです。通常、URLは「http://」や「https://」から始まりますが、Edgeに入力する際は省略できます。スマートフォンの場合、QRコードを読み込んでWebページを表示できますが、パソコンの場合はURLを入力します。また、会社名や施設名、Webページの名前などがわかっている場合は、検索することもできます（136ページ参照）。

Key word　Webサイト

Webページのまとまりを「Webサイト」といいます。右の例でいえば、「https://www.sbcr.jp」というURLが1つのWebサイトを表し、その中にさまざまなWebページがあります。

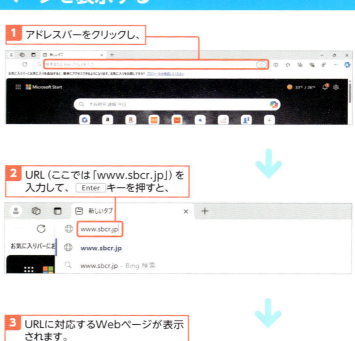

① アドレスバーをクリックし、

② URL（ここでは「www.sbcr.jp」）を入力して、Enterキーを押すと、

③ URLに対応するWebページが表示されます。

2 リンク先のWebページを表示する

リンク

「リンク（ハイパーリンク）」とは、文字列や画像をクリックすると、リンク先として設定されたWebページを表示する仕組みのことです。多くの場合、リンクが設定されている文字列には下線が引かれていたり、前後の文字と色が違ったりします。リンクが設定されている画像の場合は、マウスポインターを合わせると形が変わるので区別できます。

Hint よりすばやくスクロールする

Webページを見るときは頻繁にスクロールするので、手軽にできるスクロール操作を使いましょう。標準の操作はEdgeの右端に表示されるスクロールバーをドラッグすることですが、マウス中央のホイールボタンを回転させたほうが簡単です。また、キーボードの↑↓キーで上下方向にスクロールしたり、スペースキーで下方向へスクロールしたりすることもできます。

Memo 前後のWebページを表示する

Edgeの左上隅にある←をクリックすると、直前に表示していたWebページへ移動できます。→をクリックすると、戻る直前に表示していたWebページへ移動します。また、これらのボタンを長押しすると履歴が表示され、何段階か前まで一気に戻ることができます。

1 リンクが設定されている部分（ここでは「PC/IT書籍」）をクリックすると、

2 リンク先のWebページが表示されます。

3 スクロールバーをドラッグすると、上下に移動します。

4 をクリックすると、

5 直前のWebページへ移動します。

Section **40**

Webページを検索する

ここで学ぶのは
- Webページの検索
- Bing
- 検索ボックス

インターネットでは、天気や交通情報、スポーツの試合結果、イベントの開催日、料理のレシピなど、たくさんの情報が提供されています。情報を調べたい場合、スタートページの検索ボックスやEdgeのアドレスバーにキーワードを入力します。会社や施設などのWebページを調べて表示することもできます。

1 スタートページの検索ボックスで検索する

Key word Bing

インターネットから情報を探すサービスを「検索エンジン」といいます。Edgeでは、マイクロソフトの「Bing（ビング）」という検索エンジンが使われます。Edgeでは、Bingの他にGoogleなどの検索エンジンを使うこともできます（144ページ参照）。

Hint 入力候補が表示される

スタートページの検索ボックスやEdgeのアドレスバーにキーワードを入力すると、過去に入力したことのあるキーワードや、よく調べられているキーワードが一覧で表示されます。この表示をサジェスト機能といい、ここからキーワードを選択して入力することもできます。

1 Edgeを起動すると、スタートページが表示されます。

2 検索ボックスにキーワード（ここでは「上野動物園」）を入力して Enter キーを押すと、

3 検索結果が表示されます。

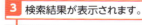

4 検索結果から目的のリンクをクリックすると、

Hint 検索履歴は保存される

Edgeで検索したキーワードは、履歴として保存されます。アドレスバーをクリックすると履歴の一覧が表示されるので、選択して再検索できます。履歴にマウスポインターを合わせ、右端に表示される×をクリックすると削除できます。

5 リンク先のWebページが表示されます。

2 Edgeのアドレスバーで検索する

Hint 効率よくWebページを見つけるには

用語やサービスなどの意味を知りたい場合は、「〜とは」といったキーワードで検索してみましょう。また、1つの単語で検索するよりも、複数の単語を空白で区切って組み合わせたほうが見つかりやすくなります。例えば、仙台の地図を調べたい場合、「仙台（空白）地図」で検索すると、インターネットで公開されている仙台の地図が見つかります。

使えるプロ技! タスクバーからWebページを検索できる

タスクバーの[検索]にキーワードを入力することでも、そのキーワードを含む、あるいは関連するWebページを検索できます❷。この方法であればEdgeを起動する必要もなく、すばやく検索できるのでおすすめです。
検索結果が多すぎる、Webページ以外も検索される場合は、検索結果上部に表示される[ウェブ]タブをクリックして結果を絞り込みます。

1 アドレスバーに調べたいキーワード（ここでは「仙台（空白）地図」）を入力して Enter キーを押すと、

2 検索結果が表示されます。

Section 41 タブを使ってWebページを閲覧する

ここで学ぶのは
- タブの追加
- タブの切り替え
- 垂直タブバー

Edgeでは、1つのウィンドウ内に複数のタブを開き、タブをクリックして表示するWebページを切り替えることが可能です。起動直後のタブは1つですが、新しいタブに新しいWebページを表示したり、リンク先のWebページを新しいタブに表示したりできます。

1 新しいタブを追加する

解説 タブを追加する

「タブ」とは、Webページを表示する領域です。1つのウィンドウ内に複数のタブを開くと、1つのウィンドウで複数のWebページを切り替えながら閲覧できます。ウィンドウに新しいタブを追加するには、タブの末尾にある+をクリックします。タブを追加すると、初期設定ではスタートページが表示されます。

ショートカットキー
● タブを追加する
Ctrl + T

Hint タブの順番を入れ替える

タブをドラッグすると、その順番を変更することができます。

1 [新しいタブ]をクリックすると、

2 新しいタブが追加されます。

2 タブを切り替える

  解説 タブを切り替える

タブを追加すると、それぞれに別のWebページを表示し、切り替えながら見ていくことができます。タブの数に制限はありませんが、あまり多すぎるとパソコンの動作が重くなることがあります。パソコンの性能によって上限は変わりますが、遅くなったような気がするときはタブを減らしてみましょう。

Memo タブを閉じる

タブを閉じるには、タブの右端にある × をクリックします。このとき、タブが1つしかない場合はEdgeも終了します。

Hint 閉じたタブを再表示する

閉じたタブを再表示するには、いずれかのタブを右クリックし、［閉じたタブを再度開く］をクリックします。

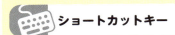

ショートカットキー

● タブを閉じる
　[Ctrl] + [W]

● 閉じたタブを再度開く
　[Ctrl] + [Shift] + [T]

1 アドレスバーにURL（ここでは「www.yahoo.co.jp」）を入力すると、Webページが表示されます。

2 タブをクリックすると、

3 そのタブのWebページに切り替わります。

4 ［タブを閉じる］ × をクリックすると、

5 タブが閉じます。

③ リンク先のWebページを新しいタブに表示する

リンク先を新しいタブに表示する

商品一覧のようなページからリンクをたどって商品詳細ページを表示する場合、商品一覧に戻りたいこともあります。そのようなときに新しいタブに表示する操作を利用すると便利です。右の手順のほか、リンクが設定されている部分を右クリックし、[リンクを新しいタブで開く]をクリックしてもリンク先のWebページを新しいタブに表示できます。

新しいタブをすぐに表示する

右の手順では、新しいタブが追加されたあと、タブを切り替える必要があります。Ctrl + Shift キーを押しながらリンクをクリックすると、追加されたタブがすぐに表示されます。

新しいウィンドウを開く

リンクが設定されている部分を右クリックし、[リンクを新しいウィンドウで開く]をクリックすると、タブではなく、新しいウィンドウにリンク先のWebページが表示されます。

常に新しいタブで開かれるリンクもある

Webページによっては、リンク先のWebページが新しいタブに表示されるように設定していることもあります。その場合、リンクをクリックすると、自動的に新しいタブで表示されます。

1 リンクが設定されている部分を Ctrl キーを押しながらクリックすると、

2 新しいタブにリンク先のWebページが表示されます。

3 タブをクリックすると、　　**4** リンク先のWebページが表示されます。

4 タブを縦に並べる

解説　垂直タブバーを利用する

タブをたくさん開いていると、タブの幅が狭くなって見分けが付きにくくなります。その場合は「垂直タブバー」を使うと便利です。横長のワイドディスプレイを使っている場合、画面の左右端に空きができることも多いので、垂直タブバーを使えば画面を有効活用できます。

1 [タブ操作] をクリックし、

2 [垂直タブバー] のスイッチをクリックしてオンにすると、

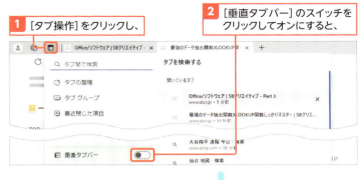

3 タブが縦に並びます。

使えるプロ技　タブを検索する

[タブ操作] をクリックし [タブ間で検索] にキーワードを入力すると、キーワードをタイトルや本文に含む、タブで表示中のウェブページを検索できます。検索結果をクリックで、そのタブに切り替わります。

4 垂直タブバーにマウスポインターを合わせると、広がります。

タブをクリックして切り替えることができます。

使えるプロ技　タブをピン留めする

仕事で毎日使っているチャットサービスなど、常に表示しておきたいものは、タブをピン留めしておきましょう。ピン留めしたタブは、Edgeを起動したときに自動的に表示されます。お気に入りバー（146ページ参照）をクリックする必要もありません。

1 タブを右クリックして、[タブのピン留め] をクリックすると、

2 タブが左側に固定表示されます。

Section 42 Webページを拡大／縮小する

ここで学ぶのは
- Webページの拡大／縮小
- 表示倍率
- 全画面表示

Webページの文字や写真の大きさは、パソコンやスマートフォンなどによって異なります。文字が小さくて読みにくい場合は、**Webページを拡大表示**しましょう。また、Webページに表示される写真が画面に収まらないといった場合には、Webページを縮小表示し、全体を確認することもできます。

1 Webページを拡大表示する

解説　Webページの表示倍率を変更する

Webページの表示倍率を変更するには、[設定など] … をクリックし、[ズーム] にある － または ＋ をクリックします。クリックするごとに、段階的に表示倍率が変更されます。なお、表示倍率は、25％〜500％まで設定できます。

Hint　マウス操作で表示倍率を変更する

マウスにホイールボタンが付属している場合、Ctrlキーを押しながらホイールボタンを回転させると、Webページの表示倍率を変更できます。

ショートカットキー
- Webページの表示を拡大する
  Ctrl ＋ ＋
- Webページの表示を縮小する
  Ctrl ＋ －
- 初期設定の表示倍率（100％）に戻す
  Ctrl ＋ 0

1 [設定など] … をクリックし、

2 ＋ を数回クリックすると、

3 Webページが段階的に拡大表示されます。

2 Webページを全画面表示する

解説 全画面表示に切り替える

全画面表示に切り替えると、アドレスバーやタブ、タスクバーなどが隠れて、Webページを最大限まで広く表示できます。パソコンの画面が狭いときや、電子書籍などを目いっぱい大きく表示したいときなどに便利です。隠れているアドレスバーやタブは、マウスポインターを画面上端まで移動すると表示されます。

ショートカットキー

● 全画面表示のオン／オフ
F11

1 ［設定など］…をクリックし、

2 ［全画面表示にする］をクリックすると、

3 Webページの画面がデスクトップいっぱいに広がります。

4 Webページの空白部分を右クリックし、

5 ［全画面表示の終了］をクリックすると、元に戻ります。

Section 43 検索エンジンをGoogleに変更する

ここで学ぶのは
▶ 検索エンジンの種類
▶ 検索エンジンの変更
▶ Google 検索

136ページで紹介したインターネット検索では、**Bing**という**検索エンジン**が使用されました。しかし、スマートフォンのインターネット検索などで、**Google**や**Yahoo! JAPAN**を使うことに慣れている人もいるでしょう。Edgeのアドレスバーから検索するときに使用する検索エンジンは、好きなものに変更できます。

1 検索エンジンを変更する

Key word 検索エンジン

「検索エンジン」とは、Webページを探すサービスのことです。インターネット内を自動的に探索するプログラムを使ってデータベースに記録し、特定のキーワードを含むWebページを瞬時に表示します。マイクロソフトが開発したBing（ビング）のほか、Google（グーグル）やYahoo! JAPAN（ヤフージャパン）、百度（バイドゥ）、DuckDuckGo（ダックダックゴー）などがあります。

1 ［設定など］…をクリックし、

2 ［設定］をクリックします。

解説 検索エンジンを変更する

Edgeのアドレスバーにキーワードを入力すると、Webページを検索できます。このとき使われる検索エンジンは、初期設定ではBingです。なお、設定で変更できるのはアドレスバーで検索するときの検索エンジンです。検索エンジンを変更しても、スタートページの検索ボックスはBingのままです。

使えるプロ技！ トラッキングの防止

設定ページの[プライバシー、検索、サービス]では、検索エンジンの設定の他にセキュリティに関する設定などもあります。一番上にある[トラッキングの防止]は、広告などを目的としたユーザーの閲覧履歴の追跡（トラッキング）を制限する設定です。トラッキング自体が不正というわけではありませんが、気になる人は[厳重]を選択してみてもよいかもしれません。

Memo　Googleで検索する

「Google（グーグル）」は、検索エンジンの1つ、およびサービスを提供する運営会社のことです。グーグル社は、Androidスマートフォンの開発やYouTubeの運営なども行っています。右の手順で検索エンジンをGoogleに変更すると、アドレスバーで検索したときにGoogleで検索されます。

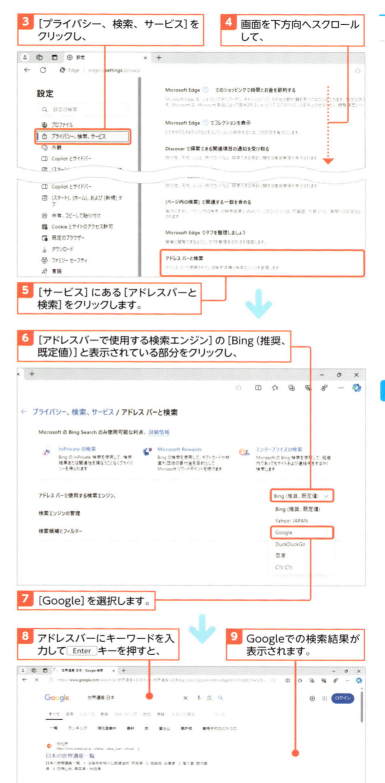

3 [プライバシー、検索、サービス]をクリックし、

4 画面を下方向へスクロールして、

5 [サービス]にある[アドレスバーと検索]をクリックします。

6 [アドレスバーで使用する検索エンジン]の[Bing（推奨、既定値）]と表示されている部分をクリックし、

7 [Google]を選択します。

8 アドレスバーにキーワードを入力して Enter キーを押すと、

9 Googleでの検索結果が表示されます。

Section 44 Webページをお気に入りに登録する

ここで学ぶのは
- お気に入り
- お気に入りバー
- その他のお気に入り

インターネットを利用していると、職場や学校のWebページ、ニュースサイト、オンラインショップなど、繰り返し閲覧するWebページが増えてきます。閲覧するたびにURLを入力していては手間がかかります。Edgeに「お気に入り」として登録しておくと、よく見るWebページをすぐに表示できるようになります。

1 Webページを「お気に入りバー」に登録する

Key word　お気に入り

「お気に入り」とは、あとから簡単に訪問できるようURLをEdgeに登録しておく機能のことです。「ブックマーク」ともいいます。かつては何でもお気に入りに登録するのが普通でしたが、現在はSNSやWebクリップ機能などが代わりに使われることも増え、使い分けが進んでいます。

Key word　お気に入りバー

「お気に入りバー」はアドレスバーの下に表示されるバーで、登録したWebページをすぐにクリックして利用できます。ただし、登録しすぎるとバーに収まりきらなくなるので、かなり頻繁に利用するWebページを登録しましょう。

1 「お気に入りバー」に登録したいWebページを表示します。

2 [このページをお気に入りに追加] ★ をクリックし、

3 [お気に入りバー] を選択して、

4 [完了] をクリックすると、

5 「お気に入りバー」に登録されます。

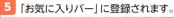

「お気に入りバー」を常に表示するよう設定していない場合は、新しいタブを開くと「お気に入りバー」が表示されます。

2 「お気に入りバー」を常に表示する

解説 「お気に入りバー」を常に表示する

「お気に入りバー」は、初期設定では新しいタブを追加したときのみに表示され、何かWebページを表示すると消えてしまいます。常に表示しておきたい場合は、右の手順に従います。元の設定に戻すには、右の手順❹で［新しいタブのみに表示］をクリックします。

Hint 「お気に入りバー」からWebページを削除する

「お気に入りバー」に登録したWebページを削除するには、「お気に入りバー」のWebページを右クリックし、［削除］をクリックします。

使えるプロ技！ タブをピン留めする

仕事で毎日使っているチャットサービスなど、常に表示しておきたいものは、タブにピン留めするという手もあります（141ページのプロ技参照）。ピン留めしたタブは、Edgeを起動するだけで自動的に開かれます。お気に入りバーをクリックする手間さえ必要ありません。

「お気に入りバー」が表示されていません。

1 ［お気に入り］をクリックし、 **2** ［その他のオプション］をクリックして、

3 ［お気に入りバーの表示］をクリックし、 **4** ［常に］を選択すると、

5 「お気に入りバー」が常に表示されます。

3 Webページを「その他のお気に入り」に登録する

解説　その他のお気に入り

「その他のお気に入り」に登録したWebページを利用する場合は、お気に入りの一覧を表示しなければいけません。お気に入りバーに登録するほどでもないWebページを登録したいときに使います。

Hint　「その他のお気に入り」からWebページを削除する

「その他のお気に入り」に登録したWebページを削除するには、[お気に入り]をクリックし、お気に入りの一覧から削除したいWebページを右クリックして、[削除]をクリックします。

Hint　「お気に入りバー」からも表示できる

「その他のお気に入り」は、「お気に入りバー」の右端にも表示されており、クリックして利用できます。

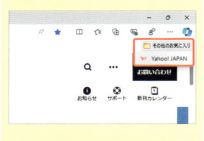

1　「その他のお気に入り」に登録したいWebページを表示します。

2　[このページをお気に入りに追加]をクリックし、

3　[その他のお気に入り]を選択して、

4　[完了]をクリックすると、

5　「その他のお気に入り」に登録されます。

「お気に入り」に登録されると、[このページをお気に入りに追加]アイコンが★に変わります。

4 「その他のお気に入り」に登録したWebページを表示する

Hint 「お気に入り」を常に表示する

「お気に入り」をピン留めすると、常に表示しておくことができます。「お気に入り」に登録されているWebページを行き来するときや、「お気に入り」を編集したいときに作業しやすくなります。

1 [お気に入り]をクリックし、

2 「その他のお気に入り」フォルダを開き、登録されているWebページ名をクリックすると、

3 「その他のお気に入り」に登録したWebページが表示されます。

使えるプロ技！ 「お気に入り」にフォルダーを追加する

初期設定では、「お気に入り」には[お気に入りバー]と[その他のお気に入り]という2つのフォルダーが用意されています。オリジナルのフォルダーを作成し、Webページを管理することもできます。

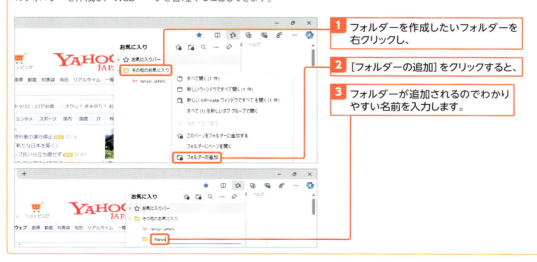

1 フォルダーを作成したいフォルダーを右クリックし、

2 [フォルダーの追加]をクリックすると、

3 フォルダーが追加されるのでわかりやすい名前を入力します。

Section 45

情報をコレクションする

ここで学ぶのは
- コレクションの作成
- コレクションに保存
- コレクションを表示

Edgeの**コレクション機能**を利用すると、Webページ内の気になった情報を集めることができます。「お気に入り」と似ていますが、「お気に入り」がWebページのURLを記録するのに対し、コレクションは**Webページの内容の一部（文章や画像など）**を記録できます。仕事や趣味の資料集めなどに役立つ機能です。

1 新しいコレクションを作成する

Key word　コレクション

コレクションは、Webページそのものはもちろん、そこに掲載された写真、テキスト、動画などのコンテンツを記録するための機能です。コンテンツは、「コレクション」と呼ばれる入れ物に分類、整理して記録しておくことができ、右の手順のように操作すると表示される［コレクション］ウィンドウで管理できます。コレクションのコンテンツは、記録された時点の状態が維持された状態で保管されていますが、最新の状態に更新するには、［コレクション］ウィンドウの［ページを更新］ C をクリックします。

Memo　コレクションを並べ替える

［コレクション］ウィンドウでは、コレクションを並べ替えることができます。並べ替えるには、［コレクション］ウィンドウで … をクリックし、メニューから［管理］をクリックします。下の画面に切り替わるので、各コレクション右の ≡ をドラッグすると並べ替えることができます。

1 ［コレクション］ 🗂 をクリックします。

2 ［コレクション］ウィンドウが表示されます。

3 ［新しいコレクションを作成］をクリックします。

再度［コレクション］をクリックすると、［コレクション］ウィンドウが非表示になります。

解説　新しいコレクションの作成

目的やテーマを決めて複数のコレクションを使い分けることができます。仕事や旅行、料理などの目的ごとにコレクションを作成すると、情報を整理しやすくなります。

4 コレクションの名前を入力して、

5 [保存]をクリックすると、

6 コレクションが新規作成されます。

2 コレクションに画像や文章を保存する

解説　Webページの情報をコレクションに保存する

Webページに掲載された画像をコレクションに保管するには、右の手順のように操作します。なお、画像によってはプロテクトされていて、コレクションに保管できないことがあります。

テキストを保管するには、目的のテキストを選択しておき、画像と同様に右クリックメニューから保管先のコレクションを選択します。

1 Webページ上の画像を右クリックし、

2 [コレクションに追加]を選択して、

3 [コレクション名](ここでは「旅行」)をクリックすると、

解説 コレクションにメモを追加する

コレクションしてからしばらく経つと、コレクションした理由を思い出せないこともあります。そんな場合に備えて、メモを付けておきましょう。

 Memo コレクションを削除する

コレクションを削除するには、コレクションの一覧を表示した状態で、削除したいコレクションの［その他のオプションメニュー］をクリックして、表示されるメニューから［削除］をクリックします。コレクションを削除すると、そこに保存されていたコンテンツも削除されます。

4 画像がコレクションに保存されます。

5 ［その他のオプションメニュー］…をクリックして、

6 ［アイテムにメモを追加］をクリックし、

7 画像に付けるメモを入力します。

3 YouTubeの動画をコレクションに保存する

動画をコレクションに保存する

右の手順ではYouTube（https://www.youtube.com/）の動画を保存していますが、基本的に無料で利用できる動画配信、共有サービスであれば、同様の操作でコレクションに保存できます。

［コレクション］ウィンドウから保存する

［コレクション］ウィンドウでいずれかのコレクションをクリックすると、その中に保管されたコンテンツが一覧表示されます。この画面で、［現在のページを追加］をクリックすると、そのコレクションに、現在Edgeで表示中のWebページ全体を保存できます。

コレクションからコンテンツを削除する

コレクションからコンテンツを削除するには、目的のコンテンツにマウスポインタを合わせると表示される［その他のオプションメニュー］…をクリックして、［削除］をクリックします。

1 YouTubeで保存したい動画のページを開きます。

2 ページの余白部分を右クリックして、

3 ［ページをコレクションに追加］→［(コレクション名)］（ここでは「ビデオ再生リスト」）とクリックします。

4 ［コレクション］をクリックして、［コレクション］ウィンドウを表示します。

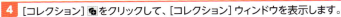

5 動画を保存したコレクションをクリックします。

6 動画が保存されていることが確認できます。

サムネイルをクリックすると、動画が再生されます。

Section 46 外国語のWebページを翻訳して読む

ここで学ぶのは
- 翻訳
- 翻訳のターゲット言語
- 元の言語で表示

Edgeでは、英語や中国語、仏語、独語などのWebページを翻訳できます。海外の情報を調べたいときなどに活用しましょう。ただし機械翻訳なので、日本語として意味がおかしくなったり、元の文章の主旨がわかりにくくなったりします。内容を把握するための参考程度に利用しましょう。

1 外国語のWebページを日本語に翻訳する

Hint Webページを原文で表示する

言語設定が日本語以外のWebページを開くと、アドレスバーに［翻訳オプションの表示］が表示されます。また、Webページによっては翻訳オプションが自動的に表示されることがあります。原文のまま読みたい場合は、翻訳オプションから［今は実行しない］をクリックし、対処方法を選択します。

Hint 翻訳結果をコレクションできる

コレクションは、Webページの一部を保存する機能です（150ページ参照）。海外のWebページを翻訳し、コレクションを表示して［現在のページを追加］をクリックすると、Webページを翻訳した状態でコレクションに保存できます。

1 ［翻訳オプションの表示］をクリックして、

外国語のWebページを表示しただけで翻訳オプションが表示される場合もあります。

2 ［翻訳のターゲット言語］が［日本語］になっていることを確認し、

3 ［翻訳］をクリックすると、

---

5 インターネットを快適に利用する

Hint　英語を自動的に翻訳する

翻訳オプションの［英語を常に翻訳する］をオンにすると、英語で書かれたWebページを表示したときに、翻訳オプションは表示されず、自動的に翻訳されるようになります。

4 外国語（ここでは英語）が日本語に翻訳されます。

2 日本語に翻訳したWebページの言語を元に戻す

Hint　Webページの一部だけ翻訳する

原文のままで表示し、読めないところだけ翻訳したいこともあります。翻訳したいテキストを選択して右クリックし、［選択範囲を日本語に翻訳］を選択します。

1 ［翻訳オプションの表示］ をクリックし、

2 ［元の言語で表示］をクリックすると、

3 元の言語（ここでは英語）に戻ります。

使えるプロ技！　Webページを読み上げる

Webページを右クリックして［音声で読み上げる］を選択すると、イマーシブリーダーという機能が起動して、Webページのテキストを読み上げてくれます。日本語も外国語も対応しています。

Section 47 インターネットからファイルをダウンロードする

ここで学ぶのは
- ファイルのダウンロード
- [ダウンロード] フォルダー
- 画像のダウンロード

インターネットでは、パソコンで利用できるアプリやPDFなどが配布されています。これらのインターネット上で公開されているファイルをパソコンに保存することを「ダウンロード」といいます。インターネットで公開されている画像をダウンロードすることもできます。

1 ファイルをダウンロードする

標準では [ダウンロード] フォルダーに保存される

ダウンロードしたファイルは、[ダウンロード] フォルダーに保存されます。[ダウンロード] フォルダーは特殊フォルダーの1つです（111ページ参照）。

ダウンロードしたファイルを開く

ファイルをダウンロードすると、小さなウィンドウが表示されます。ここで [ファイルを開く] をクリックすると、ファイルが実行されます。例えば、ダウンロードしたファイルが画像やPDFの場合は、それらを表示するためのアプリが起動します。アプリのインストーラー（インストールのためのプログラム）をダウンロードした場合はインストールが開始されます。

Edge で PDF を表示する

PDF (Portable Document Format) はアドビが開発した電子文書ファイル形式で、印刷物を配布するために使用されています。Acrobat Reader という専用の閲覧ソフトもありますが実は Edge で表示することもできます。PDF ファイルのアイコンを Edge のウィンドウにドラッグ＆ドロップしてください。

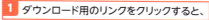
① ダウンロード用のリンクをクリックすると、

② ダウンロードが開始されます。

③ ダウンロードが完了すると、ウィンドウが表示されます。

④ [ダウンロードフォルダーを開く] をクリックすると、

⑤ [ダウンロード] フォルダーが表示されます。

ダウンロードしたファイルが保存されています。

2 ダウンロードするときの動作を変更する

解説 ダウンロードするときの動作を選択する

通常、ダウンロード用のリンクをクリックすると、自動的にダウンロードが始まり、[ダウンロード]フォルダーに保存されます。右の手順に従うと、次の2つの動作を選択できます。

● [開く]
ファイルを実行します。

● [名前を付けて保存する]
ファイルの保存先を指定します。

Hint 画像をダウンロードする

Webページで公開されている画像をダウンロードするには、画像を右クリックし、[名前を付けて画像を保存]をクリックします。なお、インターネットで公開されている画像の多くは著作権法で保護されているため、自由に使ってよいわけではない点には注意してください。また、画像によってはメニューが選べないこともあります。

使えるプロ技 過去にダウンロードしたファイルを探す

過去にダウンロードしたファイルの保存場所がわからなくなった場合は、[設定など]…をクリックして表示されたメニューの[ダウンロード]をクリックします。過去にダウンロードしたファイルのリストが表示されるので、クリックして開きます。

1 [設定など]…をクリックし、

2 [設定]をクリックします。

3 [ダウンロード]をクリックして、

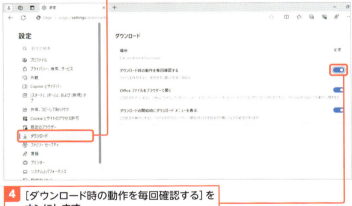

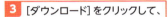

4 [ダウンロード時の動作を毎回確認する]をオンにします。

5 ファイルをダウンロードする際、動作を選択できるようになります。

Section 48 インターネットとセキュリティ

ここで学ぶのは
- インターネットの危険性
- Windows セキュリティ
- Web サイトの安全な利用

インターネットはパソコンを使うにあたって欠かせないものとなっていますが、そこにはさまざまな危険も潜んでいます。Windows 11には、さまざまな危険からユーザーを守る**Windowsセキュリティ**（旧Windows Defender）という機能が搭載されています。標準で有効になっていますが、その概要を説明しましょう。

1 インターネット上の危険と Windows セキュリティ

インターネットに潜む危険の中で主なものを挙げると、「クレジットカード情報などが盗まれる」「パソコンの中のデータが破壊される」「パソコンが操られてサイバー攻撃に加担させられる」などがあります。
そのきっかけとなるのが、**危険性のあるWebページを閲覧**してしまうことや、**危険なアプリをダウンロードして実行**してしまうことです。とはいえ、何が安全で何が危険かを見分けるのは、簡単ではありませんね。そのためWindows 11には、ユーザーを危険から守る**Windowsセキュリティ**（旧Windows Defender）が搭載されています。Webページの閲覧を監視して危険があれば警告し、定期的にストレージ内をチェックして**コンピューターウイルスなどのマルウェア**（悪意があるプログラムのこと）が潜んでいないか探してくれます。
OSに標準で付属するアプリは最低限の機能しかないイメージがありますが、Windowsセキュリティは市販のセキュリティソフトと匹敵する機能があるため、これだけで十分という意見もあります。

Windowsセキュリティ

Windowsセキュリティはマルウェアなどを監視します。

危険性のあるWebサイトへの接続がブロックされます。

メール（電子メール）が危険へ踏み込む原因となることもあります。メールの危険性については186ページで説明します。また、Windows Updateを実行してWindows 11を最新状態に保つことも重要です（292ページ参照）。

2 Windowsセキュリティを確認する

使えるプロ技！ パスワードより安全にサインインする

2023年の大型アップデート以降のEdgeでは、対応するサービスへのサインイン時に、パスワードとメールアドレスの代わりに、Windows Helloで設定したパスキー（PIN、顔認証、指紋認証など、詳細は280ページ参照）を使ってサインインできるようになっています。

これにより、サインインの操作を簡素化できるだけでなく、よりセキュリティが強固になるという効果があります。

Memo Windowsセキュリティの主な設定

Windowsセキュリティの左側のアイコンをクリックすると、各ジャンルの状態と設定を確認できます。主なセキュリティ設定には次のものがあります。

● **ウイルスと脅威の防止**
コンピューターウイルスなどのマルウェアをスキャンします。

● **ファイアウォールとネットワーク保護**
ファイアウォールでネットワーク通信を制限します。

● **アプリとブラウザーコントロール**
Webアクセスやアプリを監視します。

● **ファミリーのオプション**
子供の利用を制限するペアレンタルコントロールを設定します。

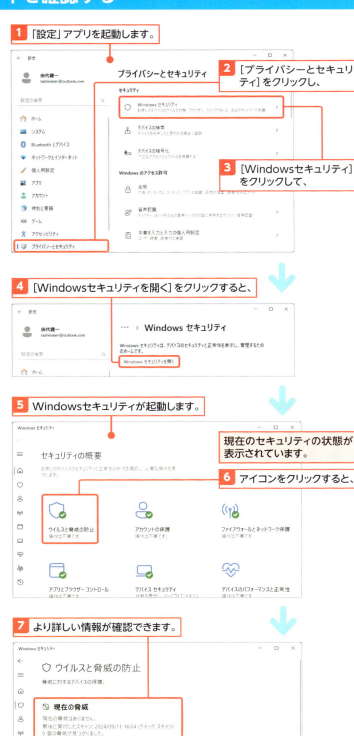

3 Windowsセキュリティの機能を有効にする

アプリとブラウザーコントロール

アプリとブラウザーコントロールは、インターネットからダウンロードしたアプリの実行時や、危険なWebサイトへのアクセス時に警告を表示する機能です。有効にしておくと安心ですが、インターネットからダウンロードしたフリーソフトが実行できなくなることもあります。

ユーザーアカウント制御

ユーザーアカウント制御は、Windowsの内部に関わるような変更が行われるとき、例えばアプリのインストールが実行されるときなどに表示されます。この画面の[はい]ボタンは、プログラムが自動的に押すことはできないため、マルウェアからWindowsを守る役割を果たします。

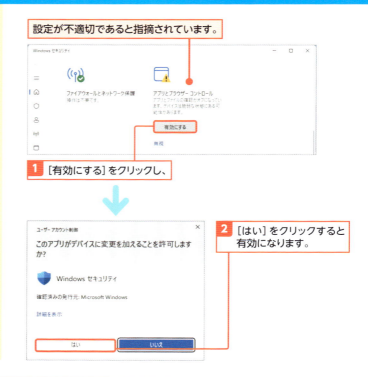

設定が不適切であると指摘されています。

1 [有効にする] をクリックし、

2 [はい] をクリックすると有効になります。

Webブラウザーのセキュリティについての豆知識

URLには「http://」で始まるものと「https://」で始まるものがあり、後者は通信が暗号化されるため、盗聴の危険がありません。アカウントのパスワードやクレジットカード番号などが盗まれると問題なので、現在はほとんどのWebサイトがhttpsに移行しています。ただし注意が必要なのは、https接続で暗号化されていることは、接続先のWebサイトが安全だと保証するものではないという点です。https接続はまず必要な基準の1つとして考え、アクセスしたいWebサイト名が本当に正しいか、そのURLなのかをよく確認することが大切です。もう1点、最近よく話題となるのがCookie（クッキー）の利用許可です。CookieはWebサイトの通信中に一時的にデータを記録する仕組みで、それ自体は危険なものではありませんが、広告目的で悪用されることもあります。そのため、欧州を中心にCookieの利用を制限する意見が強まっており、Webサイトを見たときにCookieの利用許可を求められることがあります。そのWebサイトを閲覧するためには許可するしかないので、過度に心配する必要はありません。

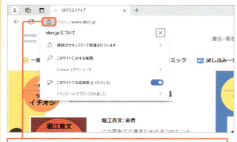

https接続されている場合は鍵アイコンが表示され、クリックすると情報を確認できます。

Cookieの利用に対する許可を求められることがあります。

第 **6** 章

コミュニケーションツールを活用する

　メールやチャット、ビデオ会議など、インターネットでコミュニケーションを取るための手段はたくさんあります。なかでも、メールは今でもビジネスの主流です。ここでは、メールの概要や利用方法、「Outlook」アプリについて解説します。基本的な使い方はもちろん、Gmailの利用方法や迷惑メールへの対処法などについても解説します。また、「Teams」アプリを使ったビデオ会議のやり方も解説します。

Section 49	▶	メールについて知ろう
Section 50	▶	Outlook を起動する
Section 51	▶	Outlook を利用するための準備をする
Section 52	▶	メールを送信する
Section 53	▶	複数人にメールを送信する
Section 54	▶	メールにファイルを添付する
Section 55	▶	メールを受信する
Section 56	▶	メールに返信する
Section 57	▶	Gmail を Outlook で利用する
Section 58	▶	迷惑メールに対処するには
Section 59	▶	ビデオ会議でコミュニケーションする

Section 49 メールについて知ろう

ここで学ぶのは
- メール
- テキストチャット
- ビデオ会議

メールは、「電子メール」や「Eメール」とも呼ばれ、インターネットを介してやりとりする手紙です。最近はテキストチャットやビデオ会議なども登場し、メール以外のコミュニケーション手段も増えています。しかし、ほとんどの人が利用できるという点で、今でもメールが第一候補といえます。

1 コミュニケーション手段は使い分ける時代に

昔はパソコンでコミュニケーションを取るといえば、メールが第一の候補でした。しかし最近では、テキストチャットやビデオ会議などの手段も一般化してきています。他と比べた場合のメールの第一のメリットは、利用している人が多いという点です。たいていの人はプロバイダーや会社から与えられたメールアドレスを持っているので、それがわかればすぐに連絡を取ることができます。テキストチャットやビデオ会議では、相手がLINEやSlack、Teams、Zoomなどのサービスに加入しているかどうかを確認する必要があるので、導入の手間がほとんどない点はメールの大きなアドバンテージです。

一方で、メールは仕組み自体が古く、仕事や趣味のグループ内で細かくやりとりするときはテキストチャットのほうが便利です。また、感情や意識のすり合わせにはビデオ会議が適しています（Section59参照）。それぞれの手段を適宜使い分けて、上手にコミュニケーションを図りましょう。

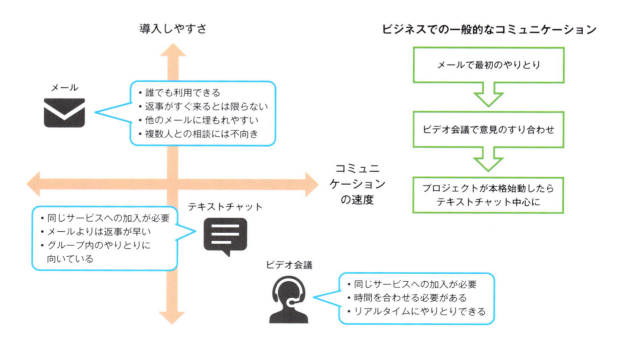

2 メールの仕組みは2通りある

 解説 メール送受信の仕組み

メールは、プロバイダーや会社が所有している「送信サーバー」と「受信サーバー」を利用して送受信します。送信サーバーはSMTPという方式しかありませんが、受信サーバーは伝統的なPOP方式と、徐々に主流になりつつあるIMAP方式があり、それによって利用スタイルが変わってきます。

解説 POPサーバーを利用した受信

POPサーバーでは、受信したメールを読む際にメールソフトにダウンロードします。ダウンロードするとPOPサーバーからメールが消えます。この方法では、原則的に使用するメールソフトは1つだけです。現在はPOPのバージョン3が主流なので、「POP3」とも表記されます。

解説 IMAPサーバーを利用した受信

IMAPサーバーの特徴は、受信したメールをサーバーに貯めておくことです。そのため、パソコンやスマートフォンのメールソフトのほか、Webブラウザー上で利用するWebメールでも閲覧できます。利用スタイルが柔軟というメリットがありますが、IMAPサーバーには数百、数千ものメールを貯めておける容量が必要です。現在はIMAPのバージョン4が主流なので、「IMAP4」とも表記されます。

伝統的なメールの仕組み（POP）

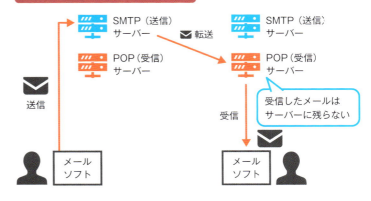

IMAPの仕組み

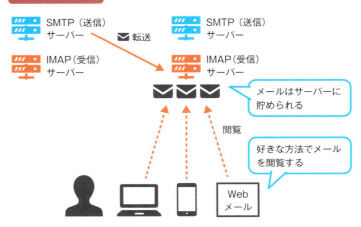

GmailなどのWebメールは、Webブラウザーでも利用できます。

Section 50

Outlookを起動する

ここで学ぶのは
▶「Outlook」アプリ
▶メッセージ一覧
▶閲覧ウィンドウ

「Outlook」アプリ（以降「Outlook」）は、電子メールのやりとりをするためのアプリです。Outlookを起動すると、Microsoftアカウントがメールアカウントとして設定されます。個人で利用しているプロバイダーのメールアドレスや会社のメールアドレスを利用したい場合は、167ページを参照してください。

1 Outlookを起動する

解説 「Outlook」アプリ

Outlookは、Windows 11に標準で付属しているメールソフトです。初期状態でMicrosoftアカウント（38ページ参照）のメールアドレスを利用できるほか、プロバイダーや会社のメールアドレスやGmailなどのメールアドレスを利用することもできます。

Memo アカウントの指定

初めてOutlookを起動したときには、アカウントの追加が求められることがあります。MicrosoftアカウントでWindowsを使っていると、アカウントのメールアドレスが表示されますので、選択すると設定されます。後からのアカウントの追加は167ページを参照してください。

① [スタート]ボタンをクリックし、
② [Outlook (new)]をクリックすると、

③ Outlookが起動します。

2 Outlookの各部名称

以下は、Outlookのメイン画面です。メイン画面は大まかにナビゲーション（フォルダー）ウィンドウ、メッセージ一覧、閲覧ウィンドウという3つの要素で構成されており、ナビゲーションウィンドウで目的のメールボックスを選択すると、そこに含まれるメールがメッセージ一覧に表示され、目的のメールを選択すると、閲覧ウィンドウに中身が表示されます。

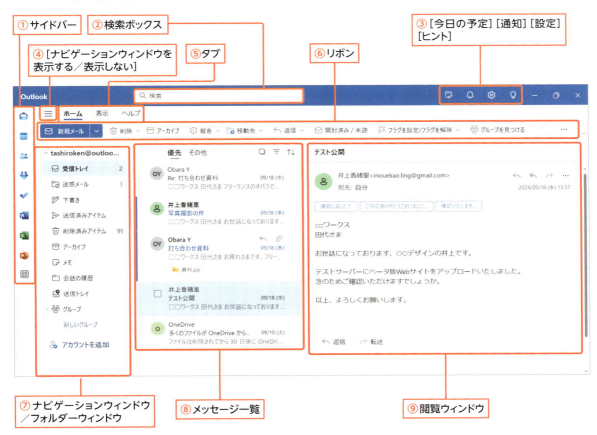

名称	機能
①サイドバー	[カレンダー]や[連絡先]、[To Do]などのアプリを起動するためのボタンが並ぶ領域です。
②検索ボックス	キーワードを入力してメールを検索します。
③[今日の予定][通知][設定][ヒント]	[今日の予定]や[通知]ウィンドウを表示したり、設定画面やヒントを表示するためのボタンです。
④[ナビゲーションウィンドウを表示する／表示しない]	クリックして、ナビゲーション（フォルダー）ウィンドウの表示／非表示を切り替えます。
⑤タブ	Outlookのさまざまな機能がまとめられたリボンを切り替えます。
⑥リボン	ツールボタンなどが並ぶ領域です。リボンは[ホーム][表示]などのタブをクリックして内容を切り替えます。
⑦ナビゲーションウィンドウ／フォルダーウィンドウ	アカウントごとにフォルダー（メールボックス）が一覧表示される領域です。ここでクリックして選択したフォルダーの内容が、メッセージ一覧に表示されます。
⑧メッセージ一覧	ナビゲーションウィンドウで選択したフォルダーに含まれるメールが一覧表示されます。
⑨閲覧ウィンドウ	メッセージ一覧で選択したメール本文が表示される領域です。メールの作成もここで行います。

Section 51

Outlookを利用するための準備をする

ここで学ぶのは
- ［メールアドレスの設定］
- ［アカウントの管理］
- ［アカウントの追加］

パソコンにMicrosoftアカウントでサインインしている場合、Outlookを起動すると、Microsoftアカウントのメールアドレスが自動的に設定されます（36ページ参照）。プロバイダーや会社のメールアドレスを利用したい場合は、手動で設定します。必要のない人は次のセクションに進んでください。

1 メールアドレスを設定するために必要な情報

Memo Microsoftアカウント以外のメールアドレスを設定する

OutlookにMicrosoftアカウント以外のメールアドレスを設定するには、設定するメールアドレスのほかに、サーバーの情報などが必要です。詳しくはプロバイダーの資料を参照するか、会社のネットワーク管理者に確認してください。

Microsoftアカウント以外のメールアドレスを設定できます。

必要な情報	説明
メールアドレス	メールの送受信に利用するメールアドレス
ユーザー名	メールの送受信に使われるユーザー名
パスワード	メールの送受信に必要なパスワード
アカウント名	メールアドレスを区別するための名前。任意の名前を設定できます。
この名前を使用してメッセージを送信	メールの送信者として表示される名前。任意の名前を設定できます。
受信メールサーバー	メールの受信に使われるサーバー
アカウントの種類	メールを送受信する仕組みの種類（163ページ参照）
送信（SMTP）メールサーバ	メールの送信に使われるサーバー
その他	「送信サーバーには認証が必要かどうか」「送信メールに同じユーザー名とパスワードを使用するかどうか」「受信メールにはSSLが必要かどうか」「送信メールにはSSLが必要かどうか」を指定します。また、送受信それぞれに使うポート番号が必要になることもあります。

2 プロバイダーや会社のメールアドレスを設定する

解説 メールアカウントの追加

右の手順のように操作することで、Outlookにプロバイダーや会社のメールアドレスを追加できます。また、手順❹の画面で[Gmail]や[Yahoo]、[iCloud]などのフリーメールサービスを選択して手順を進めると、それらのメールアドレスを設定することもできます。なお、メールアドレスとパスワードなど、設定に必要な情報のまとまりのことを、「メールアカウント」と呼びます。

Memo プロバイダーのサイトも確認しよう

Outlookのように有名なメールソフトであれば、プロバイダーのサイトに設定方法が掲載されています。細かい設定で分からないことがある場合は、そちらを参照するといいでしょう。Outlook利用時の注意点やメールを保存できる容量、メールの保管期間なども確認しておきましょう。

Hint 設定画面から追加する

メールアドレスは、[設定]をクリックすると表示されるOutlookの設定画面からも追加できます。設定画面で[アカウント]→[アカウントの追加]をクリックした後の手順は、右の手順と同じです。

❶ ナビゲーションウィンドウ最下段の[アカウントを追加]をクリックします。

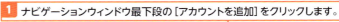

❷ プロバイダーもしくは会社のメールアドレスを入力して、

❸ [続行]をクリックします。

❹ 画面を下にスクロールして、[POP]をクリックします。

[IMAP] か [POP] か？

Outlookでは、メールサーバーと同期してメールを表示します。そのためPOP3とIMAP4のどちらを選んでも、受信したメールはメールサーバー上に残ります。一般的なメールソフトと挙動が違う点に注意しましょう。

Gmail経由で利用する

POP3サーバーのメールを、Gmailで受信するように設定することもできます（182ページ参照）。GmailはIMAP4なので、IMAP4のメリットを享受できます。

うまく行かない場合はおすすめ設定をオフに

右の手順通りに進めても、エラーなどによりメールアドレスを設定できないことがあります。その場合は、手順5の画面で、[おすすめの設定を使用する]をオフにして、手順を進めてみましょう。おすすめ設定はOutlookが設定を自動的に行うもので、場合によっては誤った情報や数値などが自動入力されてしまうためです。

5 メールのパスワードを入力して、

6 [表示数を増やす]のスイッチをオンにして、

7 [POP受信サーバー]の情報を入力、指定します。

8 画面を下にスクロールします。

9 SMTPユーザー名やパスワードを入力して、

10 [SMTP送信サーバー]の情報を入力、指定し、

11 [続行]をクリックします。

12 [続行]をクリックします。

メールアカウントを削除する

設定したメールアドレスを削除する場合は、Outlookの設定画面で[アカウント]をクリックして❶、削除するメールアドレスの[管理]をクリックし❷、次の画面で[削除]をクリックします❸。

設定が成功すると、このように表示されます。

13 [完了]をクリックします。

14 メールアドレスが追加され、ナビゲーションウィンドウに表示されます。

Web ブラウザーで Outlook.com を利用する

「Outlook.com」は、マイクロソフトが運営するWebメールサービスです。EdgeなどのWebブラウザーから利用できるので、Windows 11以外のパソコンやタブレットPCからでもメールの送受信ができます。Microsoftアカウントを所有していれば無料です。

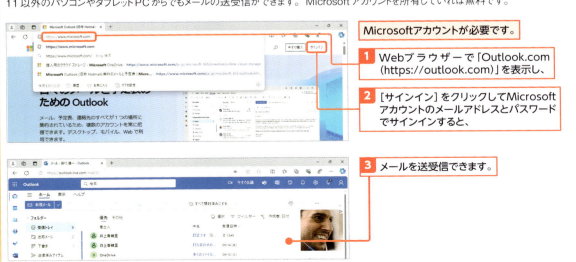

Microsoftアカウントが必要です。

1 Webブラウザーで「Outlook.com (https://outlook.com)」を表示し、

2 [サインイン]をクリックしてMicrosoftアカウントのメールアドレスとパスワードでサインインすると、

3 メールを送受信できます。

Section 52

メールを送信する

ここで学ぶのは
- メールの送信
- [送信済みアイテム]フォルダー
- 署名

新しいメールを送信するには、メールを新規作成して、送信先のメールアドレスや件名、本文を入力します。署名を設定しておくと、自分の名前や連絡先などの情報をメール本文に挿入できます。送信したメールは、[送信済みアイテム]フォルダーで確認できます。送信前のメールは下書きとして保存されています。

1 新しいメールを作成して送信する

Memo メールの作成を中止する

メールの作成を中止するには、メールの作成画面右上にある[破棄] 🗑 をクリックします。「この下書きを削除しますか?」というメッセージが表示されるので、削除する場合は[OK]、削除を中止する場合は[キャンセル]をクリックします。

Hint 下書きを保存する

作成中のメールは、送信するまで下書きとして記録されています。作成途中で受信メールを確認したり、Outlookを終了したりすると、[下書き]フォルダーに保存されます。[下書き]フォルダーはナビゲーションウィンドウの[下書き]をクリックすると表示されるので、フォルダー内のメールをクリックすると、続きを作成できます。

使えるプロ技！ 時間予約して送信する

メールの作成画面の[送信]の ▾ をクリックすると表示されるメニューから[スケジュール送信]をクリックすると、指定した時間にメールを送信するように設定できます。

1 [新規メール]をクリックすると、

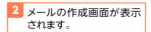

2 メールの作成画面が表示されます。

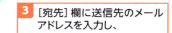

3 [宛先]欄に送信先のメールアドレスを入力し、

4 件名を入力して、

5 本文を入力します。

6 [送信]をクリックすると、メールが送信されます。

2 署名を編集する

解説　署名を挿入する

「署名」とは、送信者の名前や連絡先など、文末に挿入する情報のことです。作成した署名をメール本文に挿入するには、[挿入] → [署名] の ∨ をクリックして、目的の署名をクリックします。

Memo　署名を削除する

右の手順に従って作成した署名が不要になった場合は削除します。削除するには、アウトの設定画面で [アカウント] → [署名] とクリックすると表示される画面で、削除する署名を選択して [削除] をクリックします。

1. [設定] をクリックします。
2. Outlookの設定画面が表示されます。
3. [アカウント] をクリックして、
4. [署名] をクリックします。
5. 署名のタイトルを入力して、
6. 署名を入力し、
7. [保存] をクリックします。

Hint　送信したメールを確認する

メールが正しく送信されると、[送信済みアイテム] フォルダーに保存されます。[送信済みアイテム] フォルダーは、ナビゲーションウィンドウで [送信済みアイテム] をクリックするとその中身を表示できます。

1. [送信済みアイテム] をクリックすると、
2. 送信したメールを確認できます。

Section 53 複数人にメールを送信する

ここで学ぶのは
- 複数人にメールを送信
- CC
- BCC

複数の相手に連絡したい場合、**同じ内容のメールをまとめて送信**できます。複数のメールをいちいち送信する必要はありません。通常の方法ではメールを受信した人全員に、送信先全員のメールアドレスが表示されますが、表示されないように設定したり、「控え」を他のユーザーに送信したりすることもできます。

1 複数人にまとめてメールを送信する

 解説　メールを複数の人に同時送信する

1つのメールを複数の人に送信する方法は3通りあります。単純に送り先を増やしたい場合は、宛先に複数のメールアドレスを指定します。メールの内容に直接は関係ない人にも送信したい場合はCCを利用します。また、CCしたことをメールの受信者から隠したい場合は、BCCを利用します。

 Memo　同時に送った人のメールアドレスが伝わる

右の手順で複数人にメールを送信すると、受信者のメールには、メールが送信された人全員のメールアドレスが公開されます。

1 170ページの手順でメールの作成画面を表示し、

2 [宛先]欄に送信先のメールアドレスを入力して Enter キーを押して確定します。

3 続けて次のメールアドレスを入力します。

メールを送りたい分だけ、いくつでもメールアドレスを入力できます。

4 件名や本文を入力し、

5 [送信] をクリックすると、複数の人にメールが送信されます。

2 CC や BCC を使って複数人にまとめてメールを送信する

Key word　CC

「CC」は、Carbon Copyの略で、[CC]欄に入力した相手にもメールが届きます。多くの場合、メールの内容に直接関係ない人にメールを送信したい場合に利用されます。例えば、「自分のスマートフォンのメールアドレスにも控えを送信する」「会社の上司にもメールの内容を報告しておく」といった使い方をします。なお、[CC]欄に入力したメールアドレスは、他のユーザーにも表示されます。他のユーザーに知られたくない場合は、BCCを利用します。

Key word　BCC

「BCC」は、Blind Carbon Copyの略です。CCと同じような使い方をしますが、[BCC]欄に入力したメールアドレスは、他のユーザーには表示されません。「自分のスマートフォンのメールアドレスにも控えを送信したいがメールアドレスは知られたくない」「複数の会社によるプロジェクトチームでメンバー全員にメールを送信したいが、メールアドレスは公開したくない」といった場合に利用します。[BCC]欄は、手順1の画面で[BCC]をクリックすると表示されます。

1 メールの作成画面を表示し、

2 [CC]をクリックすると、

3 [CC]欄が表示されるので、

4 それぞれメールアドレスを入力できます。

Section 54 メールにファイルを添付する

ここで学ぶのは
- 添付ファイル
- 添付ファイルの削除
- 添付ファイルのサイズ

メールには、文章だけでなく写真やPDF、ExcelやWordで作成した文書などの**ファイルを添付**して送信できます。文章では伝わりにくい情報や、仕事の資料などを送ることができます。ただしOutlookでは、一定以上のサイズ（容量）のファイルは添付できず、OneDriveの共有機能を使うように促されます。

1 ファイルを添付する

> **Memo メールにファイルを添付する**
>
> メールには、写真やPDFなど、パソコンで扱う多くのファイルを添付できます。右の手順のほか、ファイルをメールの本文入力欄にドラッグ&ドロップして添付することもできます。

1 メールの作成画面を表示し、

2 [挿入] をクリックして、

3 [添付ファイル]→[このコンピューターから選択] をクリックすると、

Memo 添付ファイルを削除する

メールに添付したファイルを間違えた場合などには、ファイルを削除します。添付したファイルを削除するには、添付したファイルの右にある∨をクリックすると表示されるメニューから［添付ファイルの削除］をクリックします。

Memo 複数のファイルを添付する

メールには、複数のファイルを添付できます。複数のファイルを添付するには、手順を繰り返すか、手順5で複数のファイルを選択します。

4 ［開く］ダイアログボックスが表示されます。

5 添付するファイルを選択し、

6 ［開く］をクリックすると、

7 メールにファイルが添付されます。

 Hint 多数のファイルやサイズの大きなファイルを添付するには

送りたいファイルの数が多いときには、まとめて1つのZIPファイルに圧縮するとよいでしょう。フォルダーにまとめて、フォルダーをZIPファイルにすることもできます。ただし、ファイルのサイズ（容量）が大きくなりすぎると、「メールが正しく送受信できない」といったトラブルの原因になります。一般的に2MB前後、大きくても10MB未満に収めるように配慮しましょう。Outlookでは添付ファイルのサイズに起因するトラブルを未然に防ぐ機能が備わっており、一定以上のサイズのファイルを添付しようとすると、OneDriveの共有機能（202ページ参照）を使うように促されます。この機能を利用すると、メールにはOneDriveにアップロードしたファイルへのリンクが添付されます。

Section 55 メールを受信する

ここで学ぶのは
- [受信トレイ]フォルダー
- 添付ファイルの保存
- スレッド

パソコンがインターネットに接続されている場合、定期的にメールが届いているかどうかが確認されます。メールが届いていると、デスクトップに通知が表示され、[受信トレイ]フォルダーで確認できます。また、メールにファイルが添付されている場合は、すぐに開くか保存するかを選択できます。

1 受信したメールを表示する

Memo メールの受信が通知される

Windows 11では、メールを受信すると通知が表示されます。

Memo 未読メールと既読メール

[受信トレイ]フォルダーでは、未読のメールは件名が青字で表示されます。またメールを選択するには、差出人名左のアイコンをクリックしてチェックをオンにします。

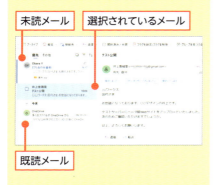

未読メール / 選択されているメール / 既読メール

「Outlook」アプリを起動すると、自動的にメールを受信し、[受信トレイ]フォルダーに表示されます。

1 表示したいメールをクリックすると、

2 メールの内容が表示されます。

メールが届いているかは定期的に、自動で確認されます。

2 メールの添付ファイルを保存する

解説 添付ファイルを保存する

メールにファイルが添付されている場合、アイコンが表示されます。アイコンを右クリックすると、保存したり開いたりすることができます。なお、メールの添付ファイルには、不正なプログラムが含まれていることがあります。Windows 11にはセキュリティを保護する機能がありますが、送信者が不明なメールに添付されているファイルは開かないようにしましょう。

Hint メールを削除する

メールを削除するには、閲覧ウィンドウで目的のメールを選択して、[ホーム]→[削除]をクリックします。削除したメールは[削除済みアイテム]フォルダーに移動されます。

1 添付ファイルの ∨ をクリックし、
2 [名前を付けて保存]をクリックします。

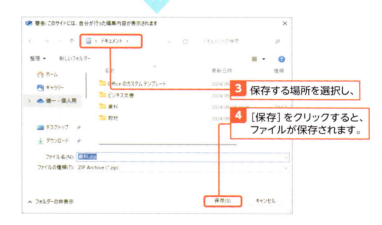

3 保存する場所を選択し、
4 [保存]をクリックすると、ファイルが保存されます。

Memo スレッド

「スレッド」とは、メールのまとまりのことです。返信（178ページ参照）や転送（179ページ参照）を繰り返していると、関連するメールがスレッドとしてまとめられます。スレッドのメールには件名の横に › が表示されるので、クリックするとスレッド内のメールが表示されます。一連のやりとりを確認できるので便利です。

スレッドとは？

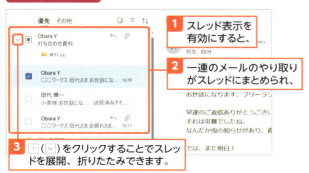

1 スレッド表示を有効にすると、
2 一連のメールのやり取りがスレッドにまとめられ、
3 › (∨)をクリックすることでスレッドを展開、折りたたみできます。

スレッドを有効にする

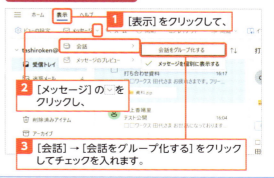

1 [表示]をクリックして、
2 [メッセージ]の ∨ をクリックし、
3 [会話]→[会話をグループ化する]をクリックしてチェックを入れます。

Section 56 メールに返信する

ここで学ぶのは
▶ メールの返信
▶ メールの転送
▶ Re: / Fw:

メールに返信するには、閲覧ウィンドウの[返信]をクリックします。[宛先]欄には送信者のメールアドレスが自動的に入力され、元のメールの本文が引用されたメールの作成画面が表示されます。返信内容を入力し、[送信]をクリックすると、返信されます。受信したメールを他の人に転送することもできます。

1 メールに返信する

解説　受信メールに返信する

受信したメールを選択して、閲覧ウィンドウの[返信]をクリックすると、返信メールの作成画面が表示され、[宛先]欄には送信者のメールアドレスが自動的に入力されます。件名には、元の件名の先頭に「Re:」が付くので、通常のメールと区別できます。返信後、返信したメールには、マークが表示されます。

Hint　全員に返信する

受信したメールが複数の人に送信されていた場合、そのメールを選択して、閲覧ウィンドウの[全員に返信]をクリックすると、メールの受信者全員に一括して返信できます。なお、メールを選択しておき、[ホーム]→[返信]の∨をクリックして、メニューから[全員に返信]をクリックしても同様です。

1 受信したメールを選択し、
2 [返信]をクリックすると、

3 返信用のメール作成画面が表示されます。

件名の先頭には「Re:」が付きます。　元の本文が引用されます。

4 本文を入力し、　　　　　　　　　5 [送信]をクリックします。

2 メールを転送する

解説　受信メールを転送する

メールの内容を他の人に見せる必要がある場合は、メールを転送します。右の手順のように操作すると、転送メールの作成画面が表示されるので、[宛先]欄に転送先のメールアドレスを入力します。件名には、元の件名の先頭に「Fw:」が付くので、通常のメールと区別できます。転送後、転送したメールには、→マークが表示されます。
なお、メールを選択して、[ホーム]→[返信]の をクリックすると表示されるメニューから[転送]をクリックしても同様に転送できます。

1 受信したメールを表示し、

2 [ホーム]→[返信]の をクリックして、

3 [転送]をクリックすると、

4 転送用のメール作成画面が表示されます。

件名の先頭には「Fw:」が付きます。　　元の本文が引用されます。

Section 57 GmailをOutlookで利用する

ここで学ぶのは
- Google アカウント
- Gmail
- Gmail で外部メールを使う

Gmail（ジーメール）はグーグルが運営するメールサービスです。Androidスマートフォンを利用している人から仕事のメイン用途まで、Gmailを使っている人も多いでしょう。GmailはWebブラウザーだけで利用できますが、Outlookにアカウントを追加すれば一元管理できます。

1 Google アカウントを取得する

解説 Gmail と Google アカウント

「Gmail」はグーグルが運営するWebメールで、Googleアカウントを作成すると利用できます。グーグルは、Gmailの他にもGoogleドライブやGoogleフォトなどのWebサービス、YouTubeの運営なども行っており、Googleアカウントでこれらのサービスも利用できます。

Memo Gmailのメールアドレスを取得する

Googleアカウントの取得時に、Gmailのメールアドレスを作成します。作成は次の手順10の画面で行います。このとき、メールアドレスの「@」より前の部分を任意の文字列にするか、自動生成されたものにするかを選択できます。任意の文字列にする場合は、誰も使っていない文字列の組み合わせにします。使用可能な文字は半角アルファベット、数字、「.（ピリオド）」です。ひらがなや漢字、「.（ピリオド）」以外の記号は設定できません。

1 EdgeでGoogleのWebページ（www.google.com）を表示して、

2 [ログイン] をクリックします。

3 [アカウントを作成] をクリックして、

4 [個人で使用] をクリックします。

5 自分の姓名を入力して、

6 [次へ] をクリックします。

Memo: Gmailにログインする

GmailはWebメールなので、インターネットに接続できる環境であればどこからでもアクセスできます。

1 Webブラウザーでグーグルの Webページを表示して、

2 [Gmail] をクリックします。

3 取得したGmailのアカウントをクリックします。

4 パスワードを入力して、

5 [次へ] をクリックすると、Gmailの画面が表示されます。

7 生年月日を指定して、

8 性別を選択し、

9 [次へ] をクリックします。

10 [自分でGmailアドレスを作成] を選択して、

11 「@」より前の部分を入力して、

12 [次へ] をクリックします。

13 任意のパスワードを2回入力して、

以降の手順で利用規約などを確認します。

14 [次へ] をクリックします。

2 Gmail アカウントを Outlook に追加する

Outlook で複数アカウントを利用する

複数のプロバイダーや会社のメールを利用している場合は、Outlookにそれぞれ登録できます。複数アカウントを登録しておくと、さまざまなメールアカウントの通知をまとめて受け取り、アカウントを切り替えながらメールを読むことができます。

Gmail の状態はどこから見ても同じ

GmailなどのWebメールのメールアカウントは同期しており、使用するアプリが異なってもメールの未読や既読の状態が同じになります。例えばOutlookで開いたGmailのメールを、Webブラウザー上のGmailで確認するとすでに既読になっています。逆に、Webブラウザー上のGmailで先にメールを開いた場合は、Outlookでも自動的に既読になっています。

スマホでもメールを利用する

スマートフォンでもパソコンと同じようにメールを取り扱いたい場合は、スマートフォンアプリを使うといいでしょう。特にOutlook.comをメインに使っている場合は、パソコンとスマートフォン間でメールの状態が同期されるので便利です。スマートフォンアプリは、Android版は無料ですが、iOS／iPadOS版はサブスクで提供されています。

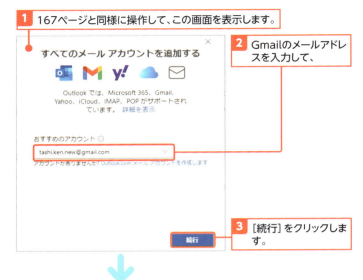

1 167ページと同様に操作して、この画面を表示します。

2 Gmailのメールアドレスを入力して、

3 [続行] をクリックします。

4 [続行] をクリックします。

Webブラウザーが起動してこの画面が表示されます。

5 Outlookに追加するGmailアカウントをクリックします。

解説 追加されたアカウント

167ページで追加した会社やプロバイダーのメールアドレス、ここで追加したGmailのメールアドレスともに、通常のOutlook.comのメールアドレスと同様に使うことができます。追加したアカウントのメールアドレスが、ナビゲーションウィンドウに表示され、それをクリックすることで、受信トレイなどのメールボックスにアクセスできます。

使えるプロ技！ Googleカレンダーが利用できる

右の手順❽では、Googleが提供する各種Webサービスへ、Outlookからアクセスすることを許可するように設定します。ここですべて許可せずに手順を進めると、メールアドレスを設定できないので注意してください。
Gmailのアカウントを設定すると、以降はOutlookのカレンダー機能から、Googleカレンダーのデータを参照したり、編集したりできるようになります。

1 [今日の予定] をクリックして、

2 [その他の操作] をクリックし、

3 Googleアカウントの [Calendar] をオンにします。

6 追加するメールアドレスが選択されていることを確認して、

7 [Continue] をクリックします。

8 OutlookからGoogleの各種サービスへのアクセス許可を求められるので、

9 [Select all] にチェックを入れて、

10 画面を下にスクロールして [Continue] をクリックします。

11 [完了] をクリックします。

57 Gmail を Outlook で利用する

6 コミュニケーションツールを活用する

183

Gmail で外部のメールアドレスを利用する

Gmailでは、会社のメールやプロバイダーのメールを受信することもできます。自宅のパソコンからGmailの画面で会社のメールを確認するといったことができます。会社のメールサーバーがPOP方式であっても、Gmailを介すことでIMAP方式（163ページ参照）になるため、複数のパソコンやスマートフォンでメールを閲覧できるようになります。

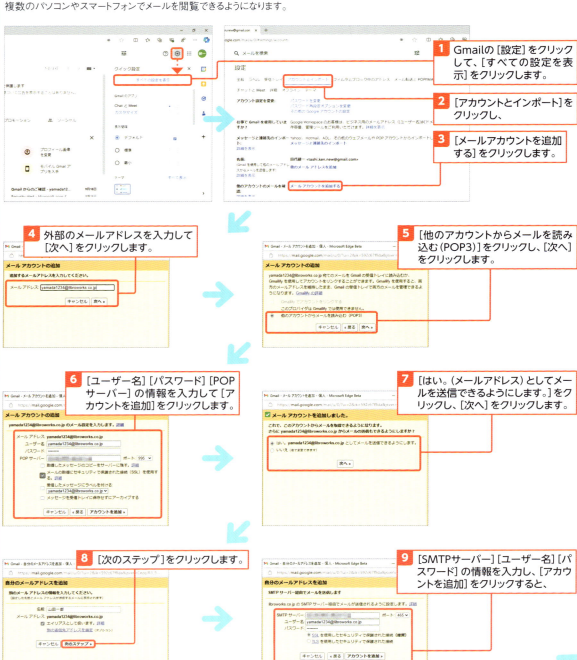

10 確認コードを記載したメールが外部のメールアドレス宛に送信されます。

12 外部メールアドレス宛に「Gmailチーム」から「Gmailからのご確認」という件名のメールが届いているのでクリックします。

13 メール内のURLをクリックすると、

14 確認画面が表示されます。

15 [確認]をクリックすると、

16 確認作業が終了します。

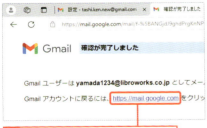

17 URLをクリックすると、Gmailの画面に戻ります。

18 以降は外部のメールアドレスのメールが受信できます。

19 受信したメールをクリックすると、

20 メールの内容が表示されます。

画面左上の[作成]をクリックすると「新規メッセージ」画面が表示され、メールを作成できます。その際、[差出人]をクリックすると、Gmailと外部のメールアドレスのどちらを使ってメールを送信するか選択できます。

Section 58 迷惑メールに対処するには

ここで学ぶのは
- 迷惑メール
- フィッシング詐欺サイト
- 迷惑メールに設定

大量の広告など、求めていないのに送りつけられるメールをまとめて**迷惑メール**と呼びます。中には銀行やオンラインショッピングサイトのメールを装い、**フィッシング詐欺サイト**に誘導する危険なものも存在します。Outlookに迷惑メールの検出機能があるので、その使い方を知っておきましょう。

1 迷惑メールの危険性

「迷惑メール」は、初期は出会い系や消費者金融、アダルトサイトなどへの誘導が目的でした。しかし近年は、**フィッシング詐欺**を目的としたものが増えています。フィッシング詐欺とは、ユーザーを偽のWebページに誘導し、クレジットカード番号やユーザーID、パスワードなどの個人情報を盗み出す行為のことです。

パソコンのセキュリティシステムや、Webサービス業者、プロバイダーなどによって迷惑メールへの対策が日々進められています。しかし、詐欺の手口は巧妙で、完全に対応できているわけではありません。身に覚えのない請求や警告のメールを受信した場合は、**メールに含まれているリンクや画像をクリックしない**ようにしましょう。そして、本物のWebサイトにアクセスし、メールに記載されているようなトラブルが実際に起きているかどうか確認しましょう。

迷惑メールの例

迷惑メールは、偽のWebページに誘導し、クレジットカード番号などの個人情報を盗もうとしています。

2 通常のメールと判断されたメールを迷惑メールに設定する

解説　迷惑メールの検出精度を向上させる

「Outlook」アプリは、受信したメールが迷惑メールかどうかを自動的に判断し、迷惑メールと診断された場合は、[受信トレイ]フォルダーではなく[迷惑メール]フォルダーに移動させます。しかし、必ず正しい判断をするとは限りません。不要な広告や、身に覚えのない請求などが記載されたメールが残っていたら、手動で迷惑メールとして設定しましょう。迷惑メールとして設定すると「Outlook」アプリが学習するため、迷惑メールの検出精度を向上させることができます。

注意　POP3では迷惑メールに設定できない

「Outlook」アプリの迷惑メール機能はOutlook.comやGmailの機能に依存しています。そのため、POP3設定のプロバイダーや会社のメールアドレスでは迷惑メール関連の機能は利用できません。

Memo　誤って迷惑メールと判断されたメール

[迷惑メール]フォルダーに、迷惑メールではないメールが自動的に移動させられた場合、そのメールは受信トレイに戻しましょう。そうすることで以降は同じ差出人からのメールが迷惑メール判定されなくなるためです。このように、迷惑メールの判別をユーザーが手動で行うことで、Outlookによる自動判別の精度がだんだんと高まっていきます。

1 [迷惑メール]フォルダーを開き、

2 誤って判別されたメールを選択して、

3 [ホーム]→[報告]の⌄をクリックします。

4 [迷惑メールではない]をクリックすると、選択したメールが[受信トレイ]フォルダーに移動されます。

受信したメールが迷惑メールでした。

1 閲覧ウィンドウで迷惑メールを選択して、

2 [ホーム]→[報告]の⌄をクリックし、

3 [迷惑メールの報告]をクリックします。

4 [レポートして禁止]をクリックします。

5 ナビゲーションウィンドウの[迷惑メール]をクリックします。

6 [迷惑メール]フォルダーの中身が表示され、迷惑メールが移動していることが確認できます。

Section 59 ビデオ会議でコミュニケーションする

ここで学ぶのは
- ビデオ会議
- Microsoft Teams
- 画面共有

離れた場所にいる相手の映像を見ながら会話したり、打ち合わせしたたりできる「ビデオ会議」は、今や新しいコミュニケーション、コラボレーションの形としてすっかり定着しました。Windows 11にもビデオ会議アプリの「Teams」アプリが標準搭載されています。

1 Window11でのビデオ会議「Teams」

世界的なパンデミック以降、それまで主流だった対面でのコミュニケーションが難しくなり、それに代わる手段として急速に採用が進んだ「ビデオ会議」。商談や打ち合わせなどのビジネスシーンはもちろん、オンライン飲み会などプライベートでもビデオ会議をする機会が増えるなど、現在では新しいコミュニケーション、コラボレーションの形として、すっかり定着しました。

Windows 11にも、ビデオ会議アプリである「Microsoft Teams」(以降「Teams」)が標準搭載されています。Teamsは、Microsoftアカウントがあれば誰でも無料で利用できます。また、Windowsに限らず、MacやAndroidなど幅広いプラットフォームに対応しているため、ユーザーの環境を問わずに利用できる点が魅力です。

相手の顔を見ながら対面しているように会議ができる

現在開いているウィンドウを会議参加者と共有できる

2 ビデオ会議を開催する

解説　ビデオ会議を開催する

自分からビデオ会議を始めて、他の参加者を招待する場合は、右の手順のように操作します。このように、ビデオ会議を主導して開催するユーザーのことをここでは「主催者」と呼び、ビデオ会議に招待されて参加したユーザーのことを「参加者」と呼びます。

Memo　マイクやカメラを使えるようにする

初めてTeamsでビデオ会議を主催する、あるいは参加する場合は、位置情報、カメラ、マイクの使用許可を求めるメッセージが表示されるので、いずれの場合でも[はい]をクリックして使用を許可しましょう。なお、パソコンに複数のカメラ、マイクが接続されている場合は、ビデオ会議の画面で[カメラ]あるいは[マイク]の⌄をクリックすると表示される画面で、使用するカメラ、マイクを選択します。

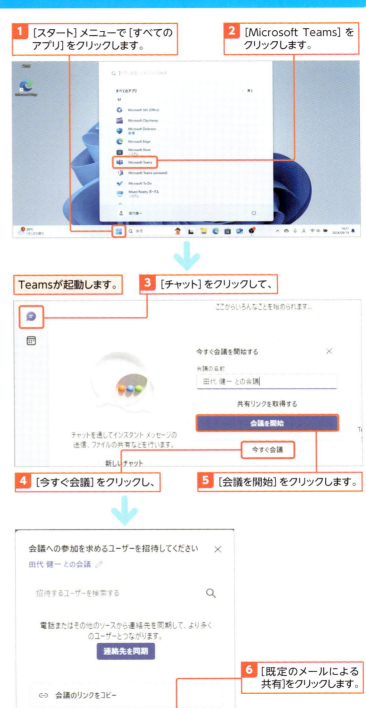

1 [スタート]メニューで[すべてのアプリ]をクリックします。

2 [Microsoft Teams]をクリックします。

Teamsが起動します。

3 [チャット]をクリックして、

4 [今すぐ会議]をクリックし、

5 [会議を開始]をクリックします。

6 [既定のメールによる共有]をクリックします。

Hint メールではない手段で招待する

チャットやショートメッセージ、Webメールなど、Outlookで使えるメールではない手段で、ビデオ会議への招待を送ることもできます。そのためには手順⑥の画面で、[会議へのリンクをコピー]をクリックします。会議に参加するためのリンクがクリップボード（278ページ参照）にコピーされるので、招待に使うツールの入力欄に貼り付けて送信します。

7 Outlookが起動して、メールの作成画面が表示されます。

8 招待する相手のメールアドレスを入力して、

9 [送信]をクリックします。

ビデオ会議に参加するためのリンクが自動入力されています。

10 Teamsの画面に戻ります。

11 ×をクリックしてこのウィンドウを閉じます。

3 招待されたビデオ会議に参加する

解説 Windows以外ともビデオ会議できる

TeamsはWindows 11だけでなく、AndroidやiPhone、iPad、Macなど、幅広いOS、プラットフォームに対応しています。各プラットフォームのアプリストアでは、Teamsのアプリが無償で配布されているので、ダウンロードして、Microsoftアカウントでサインインすれば、プラットフォームの垣根を越えてコミュニケーション、コラボレーションできます。

招待された相手の画面です（タブレット）。

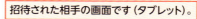

1 ビデオ会議への招待メールを開きます。

2 本文内のリンクをクリックします。

Hint 会議中に新しい相手を招待する

ビデオ会議中に新たな参加者を招待できます。招待するには、ビデオ会議の画面で[参加者]をクリックし❶、表示される[参加者]ウィンドウで招待する相手のメールアドレスを入力します❷。正しいメールアドレスだと認識されると、[参加をリクエスト]が表示されるので、これをクリックします❸。

使えるプロ技！ 背景画像を変える、加工する

ビデオ会議中の自分が写る映像の背景として、画像を設定できます。自宅などからビデオ会議に参加するなど、自宅の様子を見られたくない場合に利用すると便利な機能です。

背景画像は、ビデオ会議の画面で[その他]→[背景の効果]をクリックすると表示される[背景の設定]ウィンドウで表示されます。ここでは、背景をぼかして見えなくする特殊効果も設定できます。

❸「Teams」アプリが起動します。　❹[今すぐ参加]をクリックします。

招待した側の画面です（パソコン）。　❺[参加許可]をクリックします。

招待した相手が手順❹の操作をすると、招待した側の画面にはこのように表示されます。

招待した相手がビデオ会議に参加し、映像が表示されます。

4 自分の画面を会議参加者と共有する

解説　コンテンツを共有

コンテンツを共有機能を利用すると、現在パソコンで開いているウィンドウのいずれかを、ビデオ会議の他の参加者と共有して閲覧することができます。もちろん、共有した本人は、そのウィンドウを操作することができ、その様子も他の参加者は見ることができるので、操作のデモンストレーションなどを行うのにも役立ちます。

Memo　共有を終了する

コンテンツを共有機能でウィンドウを他の参加者と共有中に、画面上端にマウスポインターを移動すると、[共有停止]あるいは[共有を停止]というボタンが表示されます。いずれかをクリックすると、共有は停止されて他のすべての参加者の画面からもウィンドウが消えます。

Memo　ビデオ会議を終了する、退席する

主催者がビデオ会議を終了するには、ビデオ会議の画面右上にある[退出]の▼をクリックして、メニューから[会議を終了]をクリックします。参加者がビデオ会議から退出する場合は、同じメニューから[退出]をクリックします。

参加者と共有する文書を開いておきます。

1 Teamsのビデオ会議の画面に切り替えて、

2 [共有]をクリックし、

3 [ウィンドウ]をクリックします。

4 現在パソコンで開いているウィンドウが一覧表示されるので、目的のウィンドウをクリックします。

他の参加者の画面です(タブレット)。

5 ウィンドウの中身がビデオ会議の他の参加者に共有され、画面に表示されます。

第 **7** 章

クラウドサービスを使いこなす

　クラウドサービスは、インターネット上で提供されているアプリを利用するサービスです。最近では、メールやオフィスアプリ、ストレージ（ファイル共有）などさまざまなクラウドサービスが提供されています。ここではWindows 11に統合されているクラウドストレージの「OneDrive」を中心に、Windowsアプリを入手できる「Microsoft Store」なども説明していきます。

Section 60	▶ クラウドサービスとは
Section 61	▶ OneDrive でファイルを同期する
Section 62	▶ Web ブラウザーで OneDrive を利用する
Section 63	▶ OneDrive を使ってファイルをやりとりする
Section 64	▶ Microsoft Store を利用する

Section 60 クラウドサービスとは

ここで学ぶのは
▶ クラウドコンピューティング
▶ クラウドサービス
▶ クラウドストレージ

インターネット上でアプリの機能を提供し、デバイスや場所を問わずその機能にアクセスできるようにしてくれるのが、クラウドサービスです。ここではクラウドサービスの基本について解説するとともに、パソコンで利用できるさまざまなクラウドサービスを紹介します。

1 クラウドコンピューティングとは

インターネット上で提供されているコンピューターの機能（例えばアプリ）を使うことをクラウドコンピューティングと呼び、それを提供するものをクラウドサービスと呼びます。クラウドサービスにはさまざまな種類がありますが、共通しているのはパソコンとスマートフォンなど、複数の機器からクラウド上の同じデータにアクセスして利用できる点です。これにより機器や場所を問わず、メールチェックや返信をしたり、ビジネス文書の編集をしたりすることができます。また、データの本体はクラウドにあるため、万が一パソコンやスマートフォンが壊れてもデータが失われることはありません。

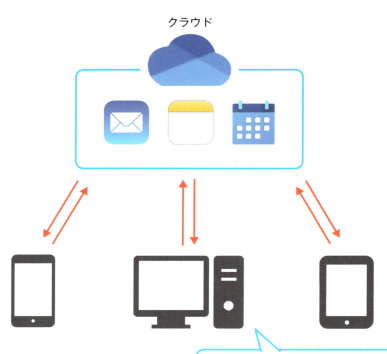

クラウドにはさまざまな種類のデータを置くことができ、同じユーザーが使う複数のデバイスからデータを利用できます。

2 さまざまなクラウドサービス

代表的なクラウドサービスが、パソコンの内蔵ドライブの代わりにインターネット上の保存領域を利用できる「クラウドストレージ」と呼ばれるサービスです。また、180ページで解説しているGmailなどのWebメールもクラウドサービスの一種です。他にも、スケジュール管理やビジネス文書の作成などを、Webブラウザー上で行える「Webアプリ」もあります。クラウドサービスの多くは、基本機能は無料で利用できます。

OneDrive、Googleドライブなど

クラウドに用意されたユーザー専用の保存領域にさまざまなデータを保存して、インターネット接続できるあらゆるデバイスからそのデータにアクセスできます。

Outlook.com、Gmail、Googleカレンダーなど

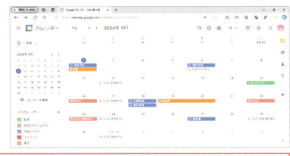

メールの送受信と管理、スケジュールの確認などがWebブラウザー上でできます。

Web版Excel、Googleスプレッドシートなど

アプリがなくても、Webブラウザー上でワープロ文書やスプレッドシート、プレゼンテーションのスライドを作成、編集、閲覧できます。

Section 61 OneDriveでファイルを同期する

ここで学ぶのは
- OneDrive
- ファイル同期
- ファイル同期の無効化

OneDrive（ワンドライブ）は、Windows 11に標準搭載されているクラウドストレージのサービスです。Windows 11のエクスプローラーに統合されているため、ユーザーは通常のファイルやフォルダーと同じ操作で、クラウドであることを意識することなく、さまざまなデータを保存、利用できます。

1 OneDriveとは？

Key word　OneDrive

OneDriveは、マイクロソフトが運営するクラウドストレージで、Microsoftアカウントを作成済みのユーザーであれば無料で利用できます。初期設定の容量は約5GB（2024年10月現在）で、月額料金を支払うことでさらに拡張できます。Windows 11ではエクスプローラーにOneDriveが統合されています。

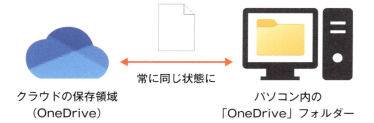

クラウドの保存領域（OneDrive） ← 常に同じ状態に → パソコン内の「OneDrive」フォルダー

解説　ファイルがOneDriveと同期される

Windowsの初期設定を行うと、OneDriveのバックアップが有効になるため（36ページ参照）、パソコン内の[OneDrive]フォルダーと、クラウド上の保存領域が同期され、自動的に同じ状態が保たれます。つまり、通常のフォルダーと同じようにファイルを保存するだけで、クラウド上にアップロードされます。なお、OneDriveへのバックアップを有効にした場合、[ドキュメント]や[ピクチャ]などの特殊フォルダーが[OneDrive]フォルダー内に入ります（111ページ参照）。その場合、特殊フォルダーにファイルを保存するだけで同期されます。

Microsoftアカウントでサインインした状態です。

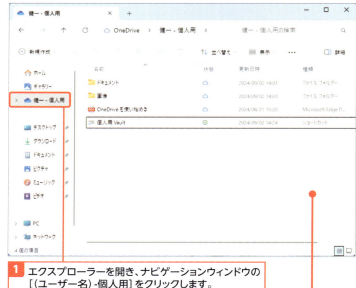

1 エクスプローラーを開き、ナビゲーションウィンドウの[(ユーザー名)-個人用]をクリックします。

2 パソコンの[OneDrive]フォルダーの中身が表示されます。

2 同期されたファイルを確認する

Hint 同期の状況を確認する

[OneDrive]フォルダーに保存されたファイルやフォルダーには、同期の状況を示すアイコンが表示されます。表示されるアイコンの種類と意味は、下表のとおりです。

アイコン	意味
🔄	同期中
☁️✓	クラウドにデータの実体が保存された状態（オンライン）。パソコンで開く際に自動的にダウンロードされる。
✅	クラウドとパソコンに同じデータが保存された状態。どちらかに加えた変更はインターネット接続時にもう一方に反映される。パソコンに保存されたデータは「オフライン」と呼ぶ。
☁️	ファイルの実体はクラウドのみに置かれる。パソコンで開いても自動的にダウンロードされないため、インターネットに接続していないときは利用できない。
☁️👥	他のユーザーと共有中のデータ（202ページ参照）。

使えるプロ技！ 削除したファイルやフォルダーを復元できる

[OneDrive]フォルダーのファイルやフォルダーを削除した場合、パソコンの[ごみ箱]かクラウドの[ごみ箱]から復元可能です。クラウドから復元するには、まずWebブラウザーでOneDriveにアクセスし（200ページ参照）、画面左の[ごみ箱]をクリックします。中身が表示されるので目的のものにチェックを入れ、画面上部の[復元]をクリックします。

解説 内蔵ドライブと同様に操作できる

[OneDrive]フォルダー内は、通常の内蔵ドライブ、外付けドライブと同様に、ファイルやフォルダーを操作できます。ただし、パソコン内のデータを[OneDrive]フォルダーにドラッグ＆ドロップした場合は「移動」になり、[OneDrive]フォルダーからパソコン内にドラッグ＆ドロップした場合は「コピー」になる点に注意してください。

1 [OneDrive]フォルダーに、別のフォルダーのファイルをドラッグ＆ドロップします。

2 [OneDrive]フォルダーにファイルが移動します。

3 同期が完了するとこのアイコンが表示されます。

4 コーナーアイコンの[OneDrive]アイコンをクリックします。

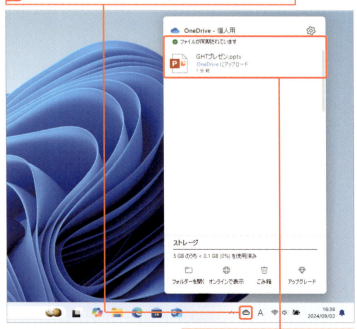

5 同期の進行状況が確認できます。

3 OneDriveの設定を確認する

[OneDrive]フォルダー内で使用するフォルダーを選択する

手順④の画面で、[フォルダーの選択]をクリックすると表示される下の画面では、クラウドの保存領域にあるフォルダーが一覧表示されます。ここでチェックボックスをオンにしたフォルダーは、パソコンの[OneDrive]フォルダー内にも表示され、使用できるようになります。クラウドのフォルダーが増えて、パソコンからは使わないものもあるといった場合は、ここでオフにしておきましょう。

バックアップ

手順⑥の画面で[バックアップを管理]をクリックすると表示される下の画面では、バックアップの有効/無効を切り替えられます。OneDriveのバックアップは、パソコン内の特殊フォルダーをクラウドの保存領域に複製し、それ以降は自動的に同期する機能で、特殊フォルダー単位で有効/無効にできます。

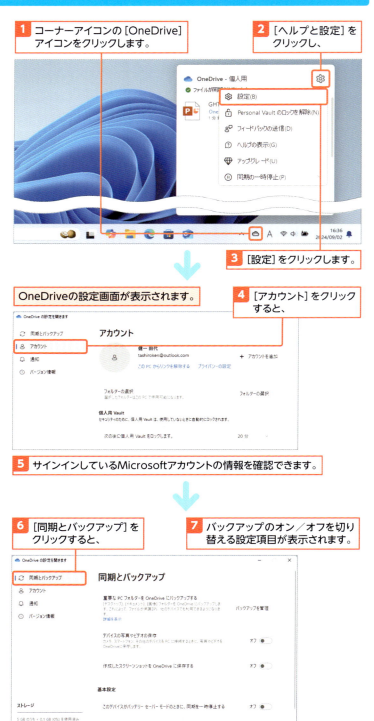

1 コーナーアイコンの[OneDrive]アイコンをクリックします。

2 [ヘルプと設定]をクリックし、

3 [設定]をクリックします。

OneDriveの設定画面が表示されます。

4 [アカウント]をクリックすると、

5 サインインしているMicrosoftアカウントの情報を確認できます。

6 [同期とバックアップ]をクリックすると、

7 バックアップのオン/オフを切り替える設定項目が表示されます。

4 OneDrive の利用を停止する

解説　OneDrive が不要な場合は利用停止する

OneDriveとの同期中に、パソコンの動作が遅くなるような場合は、右のように操作してPCのリンクを解除し、同期を停止します。同期を停止するとタスクバーの［OneDrive］アイコンが停止中のものに変わります。これをクリックしてサインインすると、同期を復活できます。

停止中のアイコン

Hint　スマホや Mac でも OneDrive は利用できる

OneDriveの公式アプリをインストールすれば、iPhoneやAndroidスマートフォン、MacなどでもOneDriveを利用できます。Windowsで使っているものと同じMicrosoftアカウントでアプリにサインインすると、すべての環境で同じデータにアクセスできるようになります。なお、アプリはApp StoreやGoogle Playなどのアプリストアから無料でダウンロードできます。

1 前ページと同様に操作して、OneDriveの設定画面を表示します。

2 ［アカウント］をクリックして、

3 ［このPCからリンクを解除する］をクリックします。

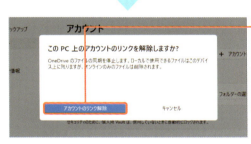

4 ［アカウントのリンク解除］をクリックします。

［OneDrive］フォルダーは同期されなくなります。

使えるプロ技！　OneDrive のバックアップ機能を無効にするには？

OneDriveの特殊フォルダーのバックアップ機能は、Windowsの初期設定をはじめ、事あるごとに促されるので、有効にしているという人も多いことでしょう。しかし、自動的かつオンデマンドでバックアップされることに抵抗があるという場合は、下のように操作して無効にしておくといいでしょう。なお、バックアップを無効にしても、その時点での最新のデータは、クラウドとパソコンの両方に残ります。ただし、同期中にバックアップを無効にすると、どちらか一方のデータが消失することもあるので、同期が行われていないタイミングで無効にすることをおすすめします。

1 前ページ手順❻の画面で［バックアップを管理］をクリックしてこの画面を表示し、

2 バックアップを無効にする特殊フォルダーのスイッチをクリックしてオフにします。

3 ［バックアップを停止］をクリックします。

Section 62 Webブラウザーで OneDriveを利用する

ここで学ぶのは
- OneDrive の Web サイト
- 個人用 Vault
- ファイルのダウンロード

OneDrive上のデータには、Webブラウザーからアクセスすることもできます。この方法は、自分専用のパソコンではなく、共用パソコンや会社のパソコンなどからOneDrive上のデータを参照、利用したい場合に便利です。共用パソコンからアクセスした場合は、利用後忘れずにサインアウトしましょう。

1 OneDrive のサイトに接続する

アプリなしで文書を閲覧、編集できる

WebブラウザーでアクセスするOneDriveでは、Web版のOfficeが利用できます。これはWord、Excel、PowerPointで作成した文書をWebブラウザー上で閲覧したり、編集したりできるもので、Microsoftアカウントを使ってOneDriveにサインインしているユーザーであれば、誰でも無料で利用できます。

個人用 Vault

OneDrive内に表示される「個人用Vault」は特別なフォルダーで、「ロックを解除」しなければ、中身を参照することや、ファイルを保存することはできません。そのため、機密性の高いファイルを保存する用途に使います。[個人用Vault]フォルダーのロックを解除するには、OneDriveに登録済みのメールアドレスやスマートフォンアプリなどを使った認証が必要です。

1 Edgeを起動し、アドレスバーに「onedrive.live.com」と入力して Enter キーを押します。

2 [サインイン] 画面が表示されたら、Microsoftアカウントでサインインします。

3 OneDrive内のデータが表示されます。

ファイル名やフォルダー名をクリックすると、Webブラウザー上で開くことができます。

2 ファイルをダウンロードする

ファイルやフォルダーをOneDriveにアップロードする

WebブラウザーでアクセスするOneDriveでも、ファイルやフォルダーを保存（アップロード）できます。アップロードするには、OneDriveのサイトで保存先のフォルダーを表示した状態で、目的のファイルなどをWebブラウザーのウィンドウにドラッグ&ドロップします。

ZIP形式のファイルを展開する

ZIP形式のファイルはダウンロード後にダブルクリックすると、中のファイルを見ることができます（125ページ参照）。

サインアウトを忘れずに！

他の人のパソコン、会社の共用パソコンなどからOneDriveにアクセスした場合は、必ずサインアウトしておきましょう。サインアウトを忘れると、OneDriveの中身を他の人に見られたり、データを破棄されたりする恐れがあるためです。サインアウトするには、画面右上のアカウントアイコンをクリックして［サインアウト］をクリックします。

1 ダウンロードしたいファイルやフォルダーの左側をクリックしてチェックを付けます。

2 ［ダウンロード］をクリックします。

3 ダウンロードが完了するとポップアップが表示されます。

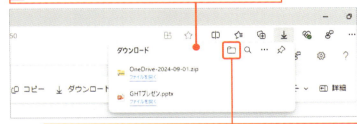

4 ポップアップの［ダウンロードフォルダーを開く］をクリックします。

5 ダウンロードしたファイルが表示されます。

複数のファイルやフォルダーをまとめてダウンロードした場合は、ZIP形式のファイルにまとめられます。

Section 63 OneDriveを使ってファイルをやりとりする

ここで学ぶのは
- 共有リンク
- 共有リンクの送信
- 共有の停止

メールに添付できないような大きなサイズのファイルを人に送りたい場合は、OneDriveの共有リンクを利用すると便利です。共有リンクをメールやSNSで送ると、受け取り側でリンクをクリックしてファイルを閲覧したり編集したりできます。OneDrive以外にも共有サービスはあるので、適宜使い分けましょう。

1 ファイルの共有リンクを作成する

共有リンク

「共有リンク」は、OneDriveに保存されたファイルやフォルダーにアクセスできるようにするリンクです。リンクを受け取った相手は、そのファイルを閲覧したり、ダウンロードしたりできます。右の手順では、エクスプローラーで選択したファイルの共有リンクを作成し、その共有リンクをメール本文に貼り付けて、共有する相手に送信しています。

注意 重要なファイルを共有する場合

共有リンクは、簡単に記憶できないようなURLを自動生成することで、第三者にファイルが見られないようにしています。逆にいうと、リンクが知られてしまえば自由に見られてしまうため、安全性が非常に高いとはいえません。社外秘などの絶対に見られてはいけないファイルをやりとりする場合は、手軽な共有リンクではなく、OneDriveのビジネス向けサービス「OneDrive for Business」など、認証がしっかりした専用のファイル共有サービスを使うべきでしょう。

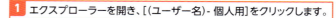

1 エクスプローラーを開き、[(ユーザー名)-個人用]をクリックします。

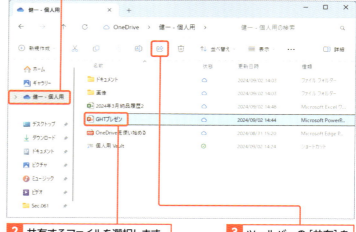

2 共有するファイルを選択します。

3 ツールバーの[共有]をクリックします。

4 「リンクの送信」画面が表示されます。

5 [リンクのコピー]にある[コピー]をクリックします。

Hint メール以外の手段で共有リンクを送るには？

右の手順では、メールで共有リンクを送信していますが、LINEなどのメッセージやTeamsのチャットなどを使って送信することもできます。[リンクのコピー]にある[コピー]をクリックすれば、共有リンクの文字列(URL)がコピーされるので、それを目的のアプリに貼り付けます。

Memo 人型のアイコンが表示される

共有リンクを送ったファイルやフォルダーには、人型のアイコンが追加で表示されます（197ページ参照）。

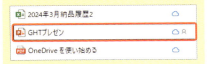

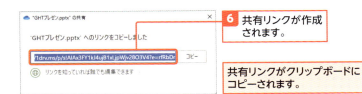

6 共有リンクが作成されます。

共有リンクがクリップボードにコピーされます。

7 「メール」アプリを起動してメールを作成します。

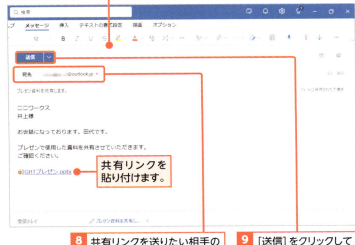

共有リンクを貼り付けます。

8 共有リンクを送りたい相手のメールアドレスを入力します。

9 [送信]をクリックしてメールを送信します。

2 共有リンクを開く

解説 共有リンクを受け取ったら？

共有リンク入りのファイルを受け取ったら、それをクリックするだけで開くことができます。ただし、リンクをクリックして何かを開く手法は、迷惑メールでも使われています（186ページ参照）。共有リンクかどうかを問わず、知らない人から送られて来たメールのリンクはクリックしないようにしましょう。

メールで共有リンクが送られてきます。

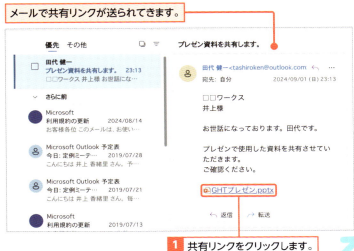

1 共有リンクをクリックします。

Memo　オフィス文書はWebアプリで開かれる

Word、Excel、PowerPointなどのオフィス文書は、マイクロソフトが提供しているWebアプリで開かれます。編集が許可されていれば、そのまま編集できます。
ファイルを保存するには、[ファイル]メニューから[名前を付けて保存]にある[コピーのダウンロード]をクリックします。

2 Webブラウザーが起動し、ファイルが表示されます。

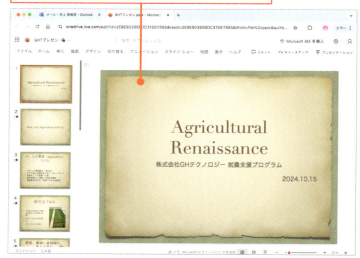

3 共有を停止する

解説　共有を停止する

共有リンクは、知ってしまえば誰でもファイルを閲覧できてしまいます。使い終わったら共有を停止しましょう。

Hint　編集可能か表示可能かを選択する

共有するファイルを編集可にするか閲覧だけかを設定できます。[宛先：名前、グループ、またはメール]の横にある🖉をクリックして、[編集可能]をクリックすると、共有しているユーザーがファイルを編集することが可能になります。[表示可能]をクリックすると、共有しているユーザーはファイルを閲覧できますが、編集することはできません。

1 共有しているファイルを右クリックして、

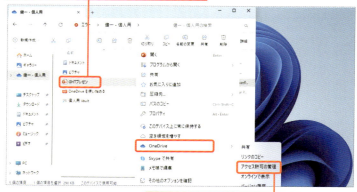

2 [OneDrive] → [アクセス許可の管理]をクリックします。

[アクセス許可を管理]画面が表示されます。

3 共有相手の[編集可能]をクリックします。

使えるプロ技！ フォルダーも共有できる

他の人と共同作業をする場合、ファイルを1つずつ共有リンクやメール添付で送るのは非効率です。共有フォルダーを作成し、互いに自由にファイルをやりとりするべきでしょう。フォルダーもファイルと同様の手順で特定のユーザーと共有できます。

1 [OneDrive] 内にフォルダーを作っておき、

2 フォルダーを選択して、

3 [共有] をクリックします。

以降の手順はファイルを共有する場合と同じです。

使えるプロ技！ 他のオンラインサービスでも共有、共同作業できる

OneDriveでもフォルダーの共有は可能ですが、スムーズに連携するためには相手もMicrosoftアカウントを持っている必要があります。また、WindowsのOneDrive連携機能は、非Windowsユーザーとやりとりする際にフォルダーがうまく同期されない場合があり、トラブルの元になることがあります。相手や状況に応じて、さまざまなオンラインストレージサービスを使い分けましょう。
OneDrive 以外で共同作業に使われるオンラインストレージサービスには、Googleドライブ、Dropbox、Boxなどがあります。

- **Google ドライブ**
  https://www.google.com/intl/ja_jp/drive/
- **Dropbox**
  https://www.dropbox.com/ja/
- **Box**
  https://www.box.com/ja-jp/

4 [このリンクを知っているすべてのユーザー：編集可能] をクリックして、

5 [その他のオプション] をクリックし、

6 [リンクの削除] をクリックして、

7 [削除] をクリックします。

リンクが解除され、ファイルの共有が無効になります。

Section 64 Microsoft Storeを利用する

ここで学ぶのは
- Microsoft Store
- アプリのインストール
- アプリのアップデート

スマートフォンと同様に、Windowsにもアプリストアがあります。それがMicrosoft Storeです。ここで公開されているアプリは、インストール、更新、アンインストールなどを決まった方法で行うことができます。ただしWindowsでは、Microsoft Store以外でアプリを入手するのも、まだまだ一般的です。

1 Microsoft Storeとは？

Key word　Microsoft Store

「Microsoft Store」は、Windowsで動作するアプリを提供するサービスで、スマートフォンのアプリストアに相当します。Windows 8で追加されましたが、当時は通常のWindowsアプリとは異なる「ストア専用アプリ」しか配布されていませんでした。現在ではWebブラウザーのFirefoxや、PDF閲覧に使うAcrobat Readerといった一般的なアプリも配布されています。

Hint　有料アプリを購入するには？

Microsoft Storeにラインナップされているアプリには、有料のものもあります。有料アプリを購入する場合は、アプリのページで値段をクリックして、支払い方法を登録します。支払い方法は主要なクレジットカード、あるいはPayPalから選択できます。

各ボタンをクリックすると、コンテンツの種類ごとのページに切り替わります。

1 タスクバーの[Microsoft Store]をクリックすると、

2 Microsoft Storeの[ホーム]画面が表示されます。

カテゴリー	内容
ホーム	アプリやゲームなどのおすすめコンテンツや新着情報をチェックできます。
アプリ	「ベストセールスアプリ」「必須アプリ」など、さまざまなカテゴリー別にアプリをピックアップしています。
ゲーム／アーケードゲーム	空き時間に手軽に遊べるものから、本格的なもの（Game Pass対応でXboxでもプレイできるもの）まで、さまざまなジャンルのゲームおよびダウンロードコンテンツが用意されています。
エンターテイメント	国内外の映画やドラマ作品、配信映像コンテンツを楽しむためのアプリが紹介されています。

2 アプリを検索してインストールする

Key word　インストール

「インストール」とは、パソコンのストレージにアプリを入れて、使える状態にすることです。反対に、ストレージからアプリを削除することを、「アンインストール」と呼びます。

Memo　Adobe Acrobat Reader DC

Adobe Acrobat Reader DCは、PDF形式のファイルを閲覧するためのアプリです。WebブラウザーなどでもPDFを見ることはできますが、より表示が正確になり、コメントを書き込むこともできます。インストールしておいて損はありません。

Memo　類似のアプリに注意

検索をしたときに、目的のアプリ以外の類似アプリがたくさん表示されることがあります。よく確かめてインストールしましょう。

Hint　目的のアプリが見つからないときは

Microsoft StoreですべてのWindowsアプリが入手できるわけではありません。例えば、MicrosoftOfficeのサブスクリプション版（Office 365）は購入できますが、Office Personalなどの買い切り版はありません。その他にもWebブラウザーのGoogle Chromeといったメジャーアプリも欠けています。これらは従来どおり、インターネット上のWebサイトで入手したり、AmazonなどのECサイトで購入したりします。

1 検索ボックスに目的のアプリの名前や、追加したい機能を入力します。

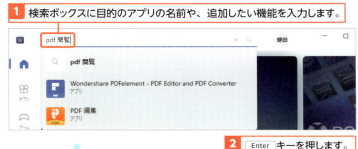

 2 Enter キーを押します。

3 キーワードに関連するアプリが検索されます。

4 目的のアプリをクリックします。

5 アプリのページが表示されます。

スクロールすると、アプリの詳細を確認できます。

6 ［インストール］をクリックします。

Microsoft Store を利用する

7 [はい] をクリックします。

8 アプリがインストールされ、[スタート] メニューにアプリが表示されます。

3 アプリをアップデートする

解説 アプリのアップデート

「アップデート」とは「更新」という意味で、アプリに新しい機能を追加したり、不具合を修正したりするための追加プログラムを指します。更新プログラムがある場合、[ダウンロード] にバッジが表示されますが、通知が遅れることもあります。定期的に確認し、アプリに不具合がある場合は、できるだけ早めにアップデートを適用することをおすすめします。Microsoft Store からインストールしたアプリは、[ダウンロード] ページでまとめてアップデート状況を確認して更新することができます。

1 Microsoft Storeを表示します。

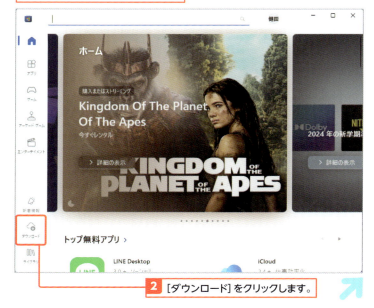

2 [ダウンロード] をクリックします。

アプリを再入手する

[ライブラリ]のページでは、Microsoft Storeから入手したアプリなどのコンテンツの履歴が表示されます。アプリの購入時と同じMicrosoftアカウントでサインインしていれば、購入済みのアプリをアンインストールしても、ここから再入手できます。

　Store以外から入手したアプリの場合は？

Microsoft Store以外から入手したアプリは、このページの方法ではアップデートできません。各アプリのアップデート機能を使って個別にアップデートします。

3 [更新プログラムを取得する]をクリックします。

4 インストール済みアプリのアップデートが開始されます。

4 アプリをアンインストールする

 [スタート]メニューから目的のアプリを探す

[スタート]メニューにはピン留め済み、インストール直後のアプリなどが優先的に表示されます。アンインストールしたいアプリが見つからない場合は、[スタート]メニューの[すべてのアプリ]をクリックしてアプリを一覧表示して探します。

 アプリによってアンインストールの手順は異なる

ここで説明しているアンインストールの手順は例の1つです。アプリによっては、[設定]アプリが表示されずに下図のような確認画面が表示される場合もあります。表示された画面の指示にしたがって、アプリをアンインストールしましょう。

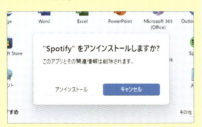

1 [スタート]ボタンをクリックして、

2 [すべてのアプリ]をクリックします。

3 アンインストールするアプリを右クリックします。

4 [アンインストール]をクリックします。

Hint 標準アプリをアンインストールしてしまった！

メモ帳やウェブブラウザーのEdge、ペイントなどの標準アプリも、追加したアプリと同様にアンインストールできます。そのため、誤ってアンインストールしてしまうこともありますが、標準アプリのほとんどは、Microsoft Storeで無料配布されています。アプリ名で検索すれば、通常のアプリと同じようにインストールできることを覚えておきましょう。

[設定] アプリの [インストールされているアプリ] の画面が表示されます。

5 アンインストールするアプリの … をクリックして、

6 [アンインストール] をクリックします。

7 [アンインストール] をクリックします。

アプリがアンインストールされます。

使えるプロ技！ [設定] アプリからアンインストールできないアプリはどうやって削除する？

デバイスドライバ（周辺機器などを制御するためのプログラム）など、一部のアプリやソフトウェアは、スタートメニューにも表示されず、また、[設定] アプリの [インストールされているアプリ] の画面にも表示されず、上の手順ではアンインストールできません。このようなアプリのアンインストールは、304ページで解説している「コントロールパネル」から行います。

コントロールパネルで、[プログラムのアンインストール] をクリックすると表示される画面です。

アプリによってはこのようなメッセージが表示されます。

1 アンインストールするアプリを選択して、

2 [アンインストール] をクリックします。

3 [はい] をクリックします。

アプリがアンインストールされます。

第 8 章

AIアシスタントを利用する

　生成AIは、インターネット上の情報や入力データをもとに、文章や画像、音声などを生成する技術です。最近では、作業を効率化するために、さまざまなアプリケーションにこの技術が統合されています。Windows11にも、生成AIを活用した「Copilot」という新しい機能が搭載されています。この章では、Copilotの基本的な機能や使い方を詳しく解説し、日々の作業を効率化するやり方をご紹介します。

Section 65	▶	AI アシスタントとは
Section 66	▶	Copilot を使うには
Section 67	▶	文書や画像を生成する
Section 68	▶	文章を要約／修正する
Section 69	▶	画像を検索する
Section 70	▶	より正確な答えを生成させるコツ

Section 65 AIアシスタントとは

ここで学ぶのは
- AIアシスタント
- 生成AI
- Copilot

AI（人工知能）がユーザーとの会話を通じて、日常のさまざまな作業を手助けしてくれる機能をAIアシスタントといいます。AIアシスタントは、単純な事務作業などを私たちに代わって時短でこなしてくれます。AIが得意とすることを知り、効率的に作業を行うやり方を紹介します。

1 AIアシスタントとは？

AIとは、人間の自ら考える力をコンピュータで模倣する技術のことです。AIに大量のデータを学習させることで、AI自身の判断力を養うことができます。AIは、既存のデータを学習し、予測や分析を行う技術や、与えられたタスクを自動で実行する技術全般を指しますが、その中でも新しいコンテンツ（テキストや画像など）を生成することに特化したAIのことを生成AIといいます。Windowsでは、生成AIの技術を活用した「Copilot」というAIアシスタントを手軽に利用することができます。

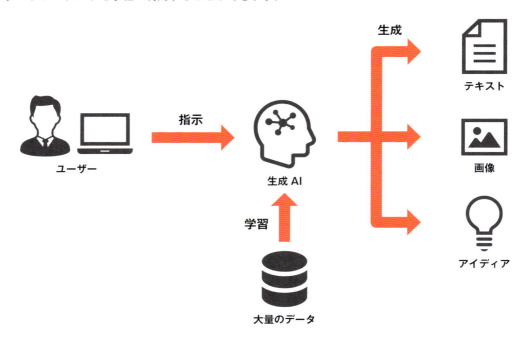

2 Copilotができること

Windows11バージョン24H2ではCopilotアプリがあらかじめインストールされており、AIアシスタント機能を気軽に利用できるようになりました。例えば、文章の要約や修正、画像の検索や生成など幅広い作業を自動化してくれます。実際にどういったことができるのかご紹介します。

文章を生成する

指示に応じてテキストが生成されました。

画像を生成する

指示に応じて画像が生成されました。

アイディアを生成する

指示に応じてアイディアが生成されました。

Section 66 Copilotを使うには

ここで学ぶのは
- Copilotの起動
- Copilotの画面構成
- Copilotの設定

Copilotは、わずらわしいログインの操作がなく、誰でもすぐに利用することができます。2024年公開のバージョン24H2からはタスクバーの中心に配置され、Copilotのアシスタント機能に対する期待値の高さが伺えます。また、シンプルな画面構成で、Copilotへの指示出しや会話のやり取りをスムーズに行えます。

1 Copilotの起動方法

解説 「Copilot」アプリ

「Copilot」アプリは、Windows11バージョン24H2から標準でタスクバーに配置されるようになりました。アプリを通じて、AIアシスタント機能を利用できます。Microsoft社が開発を行っている最新機能のため、これからの更なる機能の追加やアップデートが期待されています。

① タスクバーの[Copilot]をクリックすると、

② [Copilot]アプリが起動します。

[開始する]をクリックすると、名前を問われます。入力すると、右ページのスタート画面が表示されます。

注意 嘘の情報に注意

Copilotが生成する回答は正しいとは限りません。それらしい回答に見えて、実際には嘘の情報で埋められていることがよくあります。Copilotの回答をそのまま流用する前に、正しい情報であるかや間違いがないかをチェックしましょう。

2 Copilotの画面構成

Copilotの画面構成を確認しましょう。画面下部のテキストボックスに入力することで、Copilotとやりとりできます。なお、Copilotと会話を重ねていくと、過去の履歴が画面に表示された状態になります。
また、Copilotを利用する前に、Microsoftアカウントのサインインをしておきましょう。アカウントにサインインすることで、よりパーソナイズな回答を提供したり、強力なセキュリティ設定を利用できるようになったりします。

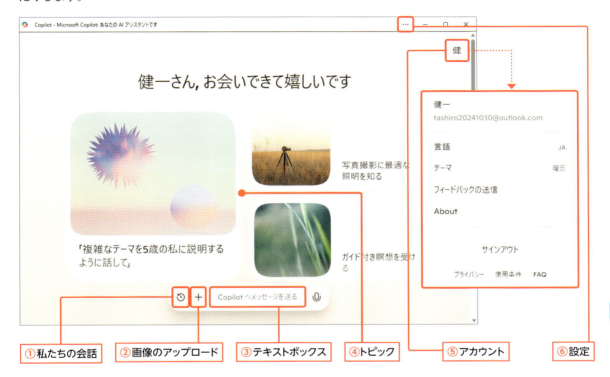

名称	機能
①私たちの会話	クリックすると、Copilotとの過去の会話が表示されます。 [私たちの会話]ダイアログに表示された◙（新しいチャットを開始）をクリックすると、チャットが切り替わります。
②画像のアップロード	画像の選択画面が開くので、選択すると、入力画面に画像を追加することができます（224ページ）
③テキストボックス	テキストを入力して、送信します。画像を添付したり、マイクを使用してテキストを入力したりも可能です。
④トピック	クリックすると、サンプルとして、その質問に対する回答が表示されます。どんな質問をすればよいか分からないときに参考にしてみましょう。
⑤アカウント	Microsoftアカウントでサインインしている場合、アカウントが表示されます。サインインすると、Copilotアプリのテーマの色や言語の設定などができるようになります。
⑥設定	スタート画面にピン留めしたり、プライバシーの設定を変更したりできます。

Section

67 文章や画像を生成する

ここで学ぶのは
▶ 文章の生成
▶ アイディアの生成
▶ 画像の生成

実際にCopilotを活用して、日々の作業を効率的に行いましょう。季節の挨拶やメールのテキストなどには定型文が存在します。そして、この定型文の生成はAIアシスタントの得意とするところです。また、文章の生成以外にも企画のアイディア出しや画像の生成までAIアシスタントに任せることができます。

1 文章のひな形を作成する

Copilotへの指示の出し方

Copilotは、ユーザーの指示の出し方によって、同じ内容でも異なる回答を生成します。Copilotに文章や画像を生成してほしいときは、「○○について答えてください」「○○なものを作ってください」という指示を出すとよいでしょう。
なお、Copilotから適切な回答を生成してもらうためのコツは、226ページで詳しく紹介しています。

Copilotのよくある質問

初めてCopilotなどの生成AIサービスを利用する場合は、たくさんの疑問が生じることもあるでしょう。そのようなときは、用意されているFAQ(よくある質問)を確認して、自分と同じ疑問が掲載されていないか、みてみるのもおすすめです。
215ページの⑤アカウントから表示される[FAQ]をクリックして確認してみましょう。

1 テキストボックスにテキストを入力し、

2 [送信] をクリックするか、Enterキーを押すと、

3 回答が生成されます。

2 メールの返信文を作成する

Memo 話題の切り替え

テキストボックスに左側にある■からホームに戻り、■→■をクリックすると、チャットを切り替えられます。
過去のチャットが履歴として表示されるので、話題ごとにチャットをまとめたい場合は便利です。

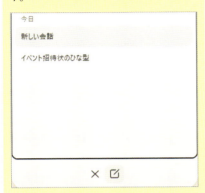

Hint やり取りを重ねる

一度の質問で納得のいく回答を生成させることは難しいです。納得のいく回答となるまで、何度も質問を投げかけたり、条件を追加する指示を出したりしてみましょう。

Memo チャットで改行する方法

Shift + Enter を押すことで、チャット内で改行をすることができます。

1 テキストボックスにテキストを入力し、

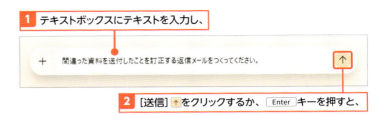

2 [送信] ↑をクリックするか、Enter キーを押すと、

3 回答が生成されます。

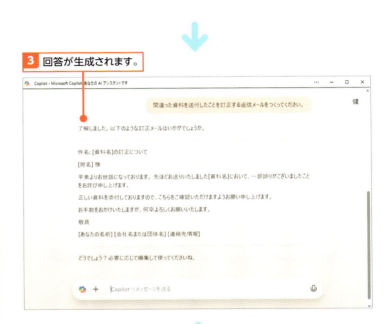

さらに条件を追加する場合は、追加でテキストを入力し、送信します。

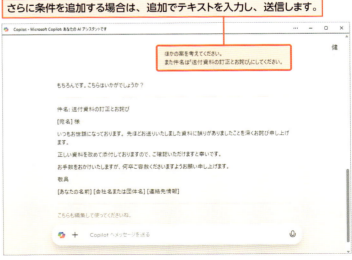

3 企画のアイディアを出す

解説　個数を指定する

例えば、「10個の架空のテーマ案を考えて」のように数を指定すると、より多くのアイディアを出してくれます。
生成されたものの中から気に入った案があれば、「1個目の案をより詳しく考えて」と追加で指示すると、より効果的にアイディアを出すことができます。

Hint　具体的に指示する

案出しをしてほしいときは「箇条書きで教えて」と指示したり、レポートのような連続した文章を生成して欲しいときは「200文字程度の文章を考えて」と指示したり、欲しい回答を得られる具体的な指示をしてみましょう。

1 テキストボックスにテキストを入力し、

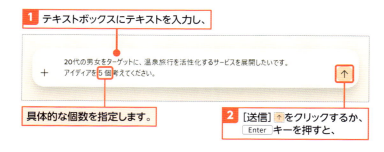

具体的な個数を指定します。

2 [送信] をクリックするか、Enter キーを押すと、

3 回答が生成されます。

さらに条件を追加する場合は、追加でテキストを入力し、送信します。

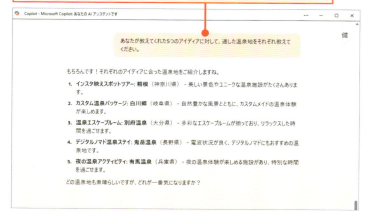

4 画像を生成する

Memo 画像の生成には時間がかかる

画像の生成には時間がかかります。正しく生成されるまでは、ダミーの画像が表示されます。気長に待ちましょう。

1 テキストボックスにテキストを入力し、

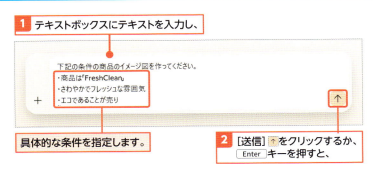

具体的な条件を指定します。

2 [送信] をクリックするか、Enterキーを押すと、

3 画像が生成されます。

4 をクリックすると、

注意 著作権に注意

AIを使用したコンテンツの著作権問題は昨今の社会問題となっています。例えば、特定のイラストレーターの著作物を生成AIに学習させ、絵のタッチが似た画像を生成し、SNS上で自分が描いたように公開する行為などが問題として挙げられています。また、学習させた覚えがなくとも、既存の画像によく似ており著作権侵害の対象となるような画像が生成されることもあります。扱いには十分気をつけましょう。

5 [ダウンロード] フォルダに保存されます。

Section 68 文章を要約／修正する

ここで学ぶのは
- 文章の要約
- 文章の修正
- 文章の改善点を指摘させる

生成AIは、文章を短くまとめたり、内容をわかりやすく修正したりするのにも役立ちます。長い文章を要約したり、書き直す作業は時間がかかりますが、Copilotを使えば、数秒で要点をまとめたり、読みやすい形に書き直してくれます。ここでは、特にビジネスに使えそうなテクニックをご紹介します。

1 文章を要約する

Hint　Webサイトの要約

WindowsのCopilotでは、WebサイトのURLを直接読み込むことができないため、テキストボックスに要約してほしいURLなどを貼ってもWebサイトの要約などはできません（2024年10月執筆時点）。Webサイトの要約をしたい場合は、Bing版のCopilotを活用しましょう（右ページのコラム参照）。

なお、Copilotの機能は、Microsoftの新しいサービスのため、今後も頻繁に利用方法や画面構成など変化する可能性があります。

使えるプロ技！　文章の翻訳

Copilotは文章の翻訳も得意です。下の画像のように、翻訳して欲しいテキストをテキストボックスに貼り付けて、「翻訳してください」と依頼することで、翻訳結果を回答してくれます。

1 テキストボックスにテキストを入力し、要約したい文章を入力します。

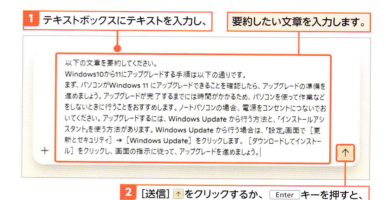

2 [送信] をクリックするか、Enter キーを押すと、

3 回答が生成されます。

Memo 生成AIは計算が苦手

実は、生成AIは計算が苦手な側面があります。これはCopilotにもいえることで、単純な計算式でも誤った値を回答してくることがよくあります。計算問題だけでなく、Copilotの提供する回答は必ず確認するようにしましょう。（214ページ）

さらに、文章の要約の仕方を指定します。

1 テキストボックスにテキストを入力し、

2 [送信] ↑ をクリックするか、Enter キーを押すと、

2 回答が生成されます。

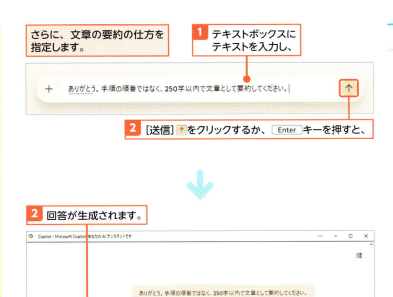

使えるプロ技！ アプリ版 Copilot と Bing 版 Copilot

Copilotには、これまで説明してきたアプリ版Copilotのほかに、検索エンジンBingに搭載されたBing版Copilotもあります。Bing版Copilotは、Microsoft Edgeを起動して、右上の ボタンから起動できます。Bing検索と紐づいているため、例えば、「今開いているWebページを要約して」と指示すれば、回答を得ることができます。これは、Web検索中に生じたふとした疑問を直感的に解決できるため便利です。Bing版CopilotがBing検索からの情報に基づいて回答を生成しているのに対して、アプリ版CopilotはGPT-4ベースの大規模言語モデルとユーザーとの過去のやり取りなどの情報から回答を生成しています。そのため、アプリ版Copilotはより対話的で、ユーザーのニーズに合わせた柔軟な対応が可能です。検索エンジンとしての機能を重視するならBing版Copilot、チャット形式での柔軟で多様なやり取りを重視するならアプリ版Copilotを使用しましょう。

2 誤字や表記揺れを修正する

解説　誤字と表記揺れ

誤字とは字形や使い方が間違っている文字のことです。表記揺れとは同じ意味を持つ言葉の表記が混在している状態のことです。例えば、同じ文章に「例えば」と「たとえば」が混在していることを表記揺れといいます。誤字も表記揺れも、正しい日本語の文章としては避けるべきなため、Copilotに指摘させましょう。

また、「文章の間違いを指摘して」と指示するだけでは、表記揺れが指摘されない場合があります。「誤字や表記揺れを指摘して」と具体的に指示をすることで、誤字と表記揺れの両方を見つけられます。

1 テキストボックスにテキストを入力し、誤字や表記揺れのある文章を入力します。

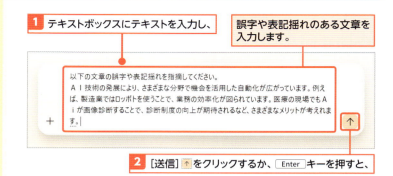

2 ［送信］をクリックするか、Enter キーを押すと、

3 回答が生成されます。

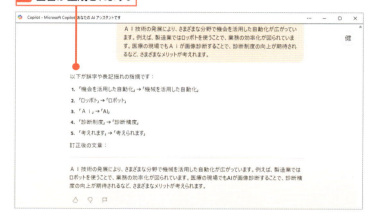

Memo　文体の統一

文章の校正に関するワザとして、文体の統一もCopilotに任せることができます。例えば、文章とともに「「です」「ます」口調に文体を統一してください」や「「である」口調に文体を統一してください」と指示することで、文体が統一された文章が生成されます。

さらに条件を追加する場合は、追加でテキストを入力し、送信します。

回答されたテキストをコピーしたいときは、対象部分をドラッグして、［コピー］をクリックします。

3 文章の改善点を提案させる

 Memo 提案や案出しも得意

Copilotの活用方法として、提案や企画の案出しは非常におすすめです。右のような回答は、Webで検索を行ってもでてきません。このような明確な答えがないといえる場面で、Copilotは真価を発揮します。検索しても回答が出てこないような質問もCopilotに投げかけてみましょう。

 Hint ブレインストーミング

上記のMemoで提案や案出しが得意と紹介しましたが、それに関連してブレインストーミングをさせることもできます。ブレインストーミングとは、グループでアイディアを出し合い、新しい発想を生み出すための会議手法です。「ブレインストーミングをします」とCopilotに指示すれば、ブレインストーミングを一人でも行えます。

 Hint 的を絞らせる

216ページのヒントにもあったように、Copilotが生成する回答は、同じ質問を投げかけても少しずつ異なります。Copilotは、質問に対する明確な回答を持っているわけではなく、膨大なデータの中から次に続きそうな単語を繋ぎ合わせて回答をしているにすぎないのです。だから、同じ質問をしても、違った単語の羅列で回答をします。
そこで、求める回答を生成するために、Copilotが参照するデータの的を絞らせることが重要になってきます。期待する文章が文学的な文章なのか、それとも学術論文なのか、報告書なのか手紙なのか、具体的な指示をしてみるのもよいでしょう。

1 テキストボックスにテキストを入力し、改善したい文章を入力します。

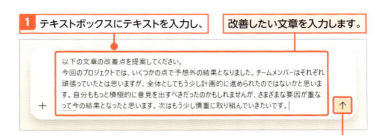

2 ［送信］をクリックするか、Enterキーを押すと、

3 回答が生成されます。

さらに条件を追加する場合は、追加でテキストを入力し、送信します。

Section 69 画像を検索する

ここで学ぶのは
- Copilotで画像検索
- 画像から情報を得る
- 画像内の文字を読み取る

Copilotは、画像から情報を読み取る機能も持っています。そして、ただ画像を検索するだけでなく、画像に写っているものや文字を詳しく理解し、関連する情報を教えてくれます。例えば、風景の写真をアップロードすると、その場所がどこなのかを特定し、さらには歴史的背景や関連する出来事についても説明してくれることがあります。

1 画像の情報を検索する

Memo 画像の選択方法

右の手順はドラッグ&ドロップで画像を選択するやり方です。右ページの手順❶の画面で［画像のアップロード］を選択することで、フォルダから画像を選択することもできます。

❶ 画像をテキストボックスへドラッグ&ドロップして、

❷ テキストボックスにテキストを入力し、

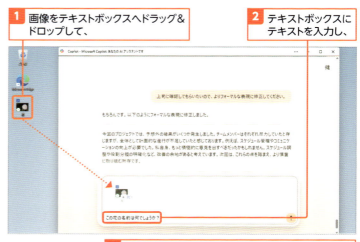

❷ ［送信］をクリックするか、Enterキーを押すと、

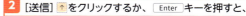

❸ 回答が生成されます。

2 画像内の文字を読み取る

画像内の文字の読み取り

右のように、画像内の文字を読み取ることも可能です。設定している言語以外の文章も読み取れるため、英語で書かれた文書を写真をとって、書かれた内容の翻訳を依頼するのもよいでしょう。

ここでは、画像をフォルダから選択する手順です。

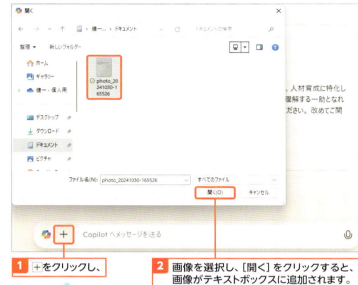

1 ➕をクリックし、

2 画像を選択し、[開く]をクリックすると、画像がテキストボックスに追加されます。

3 テキストボックスにテキストを入力し、

4 [送信] をクリックするか、Enter キーを押すと、

5 回答が生成されます。

スマホでCopilotアプリを使う

スマホのアプリストアからCopilotアプリをインストールすることもできます。スマホからカメラを起動して検索する機能を使えば、出かけ先で撮影した施設の名前をCopilotにすぐに確認するなど、できることの幅が広がります。アプリ名は「Microsoft Copilot」となっており、無料でAndroidやiPhoneでインストールすることができます。

Section 70 より正確な答えを生成させるコツ

ここで学ぶのは
- 明確な指示の出し方
- 参考例を与える
- ロールプレイをさせる

Copilotが生成する回答の精度を上げるには、コツがあります。ユーザーが求める回答を情報のないところから生成することは困難です。そのため、具体的な情報を多数Copilotに与えるようにしましょう。ここでは、より正確な回答を生成させるための指示の出し方を複数紹介しているので、ぜひ活用してみてください。

1 より正確な答えを生成させる指示の作り方

解説　指示を明確にする

より正確な答えを生成させるテクニックとして、「指示を明確にする」ことが挙げられます。指示を明確にするために、具体的な情報を多く与えることや、箇条書きを使ってわかりやすく指示するテクニックなどを活用できます。どういうことをして欲しいのか、明確に指示を与えましょう。

Memo　参考例を与える

正確な答えを生成させるために、「参考例を与える」ことも有効です。Copilotは提示された例を参考にして回答を生成します。

使えるプロ技！　ロールプレイをさせる

Copilotに「ロールプレイをさせる」ことで、狙い通りに回答を誘導できることがあります。例えば、「パソコンに詳しくない小学生のつもりで」などと指示をすると、専門的な単語を使わないで、わかりやすく説明してくれるようになります。

具体的な指示をしない場合 — 1 架空の情報で埋められます。

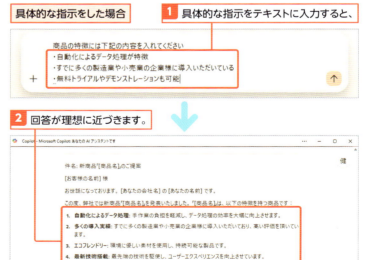

具体的な指示をした場合 — 1 具体的な指示をテキストに入力すると、2 回答が理想に近づきます。

第 9 章

写真や動画を取り込んで編集する

　デジタルカメラやスマートフォンで撮影した写真をパソコンに取り込めば、画面いっぱいにサムネイル（縮小表示）を並べて整理できます。Windows 11に付属する「フォト」アプリは、アルバム機能などの写真を管理する機能に加えて、簡単な画像の補正／加工機能も用意されています。また、取り込んだ動画を編集できる「Clipchamp」の使い方も解説します。

Section 71	▶	「フォト」アプリとは
Section 72	▶	カメラやスマートフォンから写真を取り込む
Section 73	▶	クラウドサービスを利用して写真を取り込む
Section 74	▶	「フォト」アプリで写真を整理整頓する
Section 75	▶	写真の色合いや明るさを変更／調整する
Section 76	▶	写真をトリミング／補正する
Section 77	▶	Clipchampで動画を編集する

Section 71 「フォト」アプリとは

ここで学ぶのは
- 写真の閲覧と編集
- 「フォト」アプリ
- 「フォト」アプリの表示モード

「フォト」アプリは、Windows 11に最初からインストールされているアプリで、写真の閲覧と編集を行うことができます。また、カメラやスマートフォンから写真を取り込んだり、アルバムを作成して管理したりすることも可能です。まずは「フォト」アプリの起動方法と画面構成を見ていきます。

1 「フォト」アプリを起動する

解説　「フォト」アプリ

「フォト」アプリはWindows 11に標準で付属する、写真管理と編集のためのアプリです。[スタート] メニューから起動すると、サイドバーにナビゲーションが配置された「一覧表示モード」のウィンドウが表示されます。「一覧表示モード」でいずれかの画像をダブルクリックするか、エクスプローラーなどで画像ファイルをダブルクリックすると、「1画像を大きく表示するモード」のウィンドウが開きます。

1 [スタート] ボタンをクリックして

2 [フォト] をクリックすると、

 Hint　画像ファイルをダブルクリックして開く

PNGやJPEG形式の画像ファイルは、初期設定では「フォト」アプリに関連付けされています。そのため、ダブルクリックすると「フォト」アプリが起動し、画像が表示されます。アプリの関連付けについては301ページを参照してください。

 3 「フォト」アプリが起動します。

2 「フォト」アプリの画面構成

1画像を大きく表示するモード

画像を編集するモード

名称	機能
①検索ボックス	ファイル名、ファイル形式、日付で検索できます。
②ナビゲーション	写真が保存されているフォルダーやデバイスが一覧表示されます。
③インポート	パソコンにデバイスを接続している場合、写真のインポート元として選択できます。
④設定	「フォト」アプリの設定を変更する画面を表示します。
⑤スライドショーの開始	クリックすると、表示中のフォルダー内の写真が、ランダムに切り替わりながら表示されます。
⑥並べ替え	写真を名前や撮影日時順に並べ替えることができます。
⑦フィルター	写真または動画など、表示するファイルの種類を絞り込むことができます。
⑧ギャラリーの種類とサイズ	写真の表示方法と表示サイズを選択できます。
⑨もっと見る	写真をまとめて選択／解除するメニューが選べます。
⑩写真の一覧	写真のサムネイルが並んでいます。ダブルクリックすると、新しいウィンドウに画像が大きく表示されます。

229

Section 72 カメラやスマートフォンから写真を取り込む

ここで学ぶのは
- カメラから写真を取り込む
- スマホから写真を取り込む
- OneDrive の設定

デジタルカメラやスマートフォンで撮影した写真や動画は、機器を **USB ケーブル** で接続するか、あるいは **メモリカードリーダー** 経由で、パソコンに取り込むことができます。取り込んだ写真はパソコンのストレージ（ハードディスクや SSD）に保存され、標準の **「フォト」アプリ** で管理します。

1 カメラやスマートフォンをパソコンに接続する

デジタルカメラからの取り込み

デジタルカメラから写真を取り込む場合は、デジタルカメラを USB ケーブルでパソコンと接続します。メモリカードリーダーがあれば、メモリカード経由での取り込みも可能です。右の手順は iPhone からの取り込みを例にしていますが、デジタルカメラの場合は手順 ❹ ❺ がないだけで、ほとんど同じです。

スマートフォンからの取り込み

スマートフォンから写真を取り込む場合は、USB ケーブルでパソコンと接続します。スマートフォンにアクセス許可を求める通知が表示される場合は、[許可] をタップします。間違って [許可しない] をタップしても、スマートフォンを接続し直すと再び通知が表示されます。なお、スマートフォンの場合はクラウド経由の取り込みもおすすめです（234 ページ参照）。

カメラやスマートフォン、メモリカードリーダーなどをパソコンに接続します。

メモリカードはメモリカードリーダーに差し込みます。

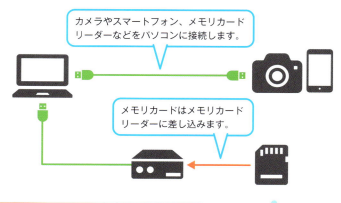

❶ 機器をはじめて接続すると通知が表示されるので、通知をクリックします。

❷ [写真と動画のインポート（フォト）] をクリックすると、

⚠️注意　Android 側でアクセスを許可する

Android スマートフォンの画面表示は機種によって異なりますが、USB ケーブルでパソコンと接続すると「USB 使用モード」についての通知が表示されます。そこで［写真を転送］か［ファイル転送］をタップします。

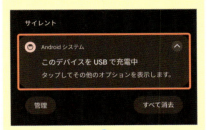

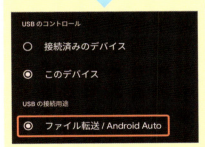

💡Hint　2 回目以降の接続

2 回目以降に写真を取り込む際は、機器とパソコンを接続すると自動的に「フォト」アプリが起動します。パソコンに接続した機器が画面左の「外部デバイス」に表示されるので、選択すると、機器内の写真が表示されます。

3 「フォト」アプリが起動します。

このメッセージが表示された場合は、スマートフォンでのアクセス許可が必要です。

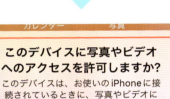

4 「許可」をタップします。

5 「フォト」アプリの「インポートを開く」をクリックします。

6 接続した機器（ここではiPhone）内の写真が表示されます。

72　カメラやスマートフォンから写真を取り込む

9　写真や動画を取り込んで編集する

231

2 写真を取り込む

Hint 写真のインポート先フォルダーを変える

写真や動画のインポート先は、初期設定ではOneDriveの[ピクチャ]フォルダーが選択されています。変更する場合は、右の手順のように操作します。

1 取り込む写真にチェックを入れ、

2 [(枚数)項目の追加]をクリックします。

Hint インポート先フォルダーを新たに作成する

右の手順3の画面で[フォルダーの作成]をクリックすると、写真や動画のインポート先フォルダーを新たに作成した上で、そのフォルダーをインポート先として指定できるようになります。

既定ではインポート先としてOneDriveの[ピクチャ]フォルダーが選択されています。

3 パソコン内のフォルダー（ここでは[ピクチャ]フォルダ）をクリックします。

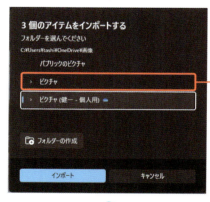

4 [ピクチャ]フォルダーが選択されていることを確認して、

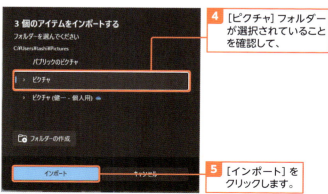

5 [インポート]をクリックします。

Hint　既存のフォルダーから写真を取り込む

パソコンに保存済みの写真や動画がある場合は、それらが保存されているフォルダーを「フォト」アプリに追加して、管理、編集することもできます（238ページ参照）。

Memo　外部デバイスの選択

スマートフォンやUSBメモリなどを接続すると、左のナビゲーションに「外部デバイス」として表示されます。そこから機器を選んで、中の画像をすばやく表示できます。また、接続デバイスは画面右上の［インポート］をクリックして選択することもできます。

6　機器（ここではiPhone）内の指定した写真がインポートされます。

7　［ギャラリー］をクリックすると、取り込んだ写真を確認できます。

Memo　エクスプローラーから写真を閲覧できる

パソコン内に保存されている写真を閲覧するだけであれば、わざわざ「フォト」アプリを起動する必要はありません。エクスプローラーの「ギャラリー」機能を使えば、指定したフォルダー内の写真を閲覧できます。ギャラリーでは、写真はタイル状に並べられた状態で表示され、任意の写真をダブルクリックすると、「フォト」アプリが起動して、その写真が大きく表示されます。

1　エクスプローラーのナビゲーションウィンドウで［ギャラリー］をクリックします。

指定したフォルダー（初期設定ではパソコン、OneDriveそれぞれの［ピクチャ］フォルダー）内の写真がタイル状に並べられて表示されます。

2　…をクリックして、

3　［コレクション］→［コレクションの管理］をクリックすると表示される画面から、写真を表示するフォルダーを追加できます。

Section 73 クラウドサービスを利用して写真を取り込む

ここで学ぶのは
- ストレージサービス
- 「OneDrive」アプリ
- スマホと写真を共有

スマートフォンからの写真や動画の取り込みには、**クラウドのストレージサービス**を利用することもできます。わざわざケーブルで接続する必要もなく、**インターネット経由で自動的に同期**されます。クラウドと連携するスマートフォンアプリはいくつかありますが、ここでは**「OneDrive」アプリ**を紹介します。

1 「OneDrive」アプリを用意する

OneDrive からの取り込み

OneDriveは、Microsoftアカウントを取得しているユーザーが無料で利用できる、クラウドのストレージサービスです（194ページ参照）。スマートフォン向けの「OneDrive」アプリに搭載されている「カメラのアップロード」機能（右ページのHint参照）を有効にしていると、スマートフォンで撮影した写真が自動的にOneDriveにアップロードされます。同じMicrosoftアカウントでサインインしているパソコンとデータが同期されるので、特別な手間なく写真を閲覧、編集できるようになります。

アプリを入手する

OneDriveのスマートフォン、タブレット用アプリは、iPhoneやAndroidのアプリストアで無償で公開されています。また、Mac用のアプリも用意されています。
同様のアプリにGoogleフォトやAmazon Photosなどもありますが、「OneDrive」アプリは特別な作業なしでWindowsと連携できる点がメリットです。

1 アプリストアで「OneDrive」アプリを入手します。

2 パソコンと同じMicrosoftアカウントでアプリにサインインします。

2 撮影した写真をパソコンと共有する

Hint　アップロードのオンとオフを切り替える

カメラのアップロード機能のオンとオフを切り替えるには、アプリの画面左上にあるアカウントのアイコンをタップし、メニューから[設定]をタップします。続けて、[カメラのアップロード]をタップして、下図の画面でアカウントのメールアドレスのスイッチをタップします。

Hint　モバイル回線のデータ通信を使用する

初期設定では、Wi-Fi接続時のみ写真の自動アップロードが行われますが、4G、5Gなどのモバイル回線のデータ通信を使用することもできます。上のHintで説明した[カメラのアップロード]の下にオプションが表示されます。このオプションの[携帯データネットワークを使用してアップロード]のスイッチをオンにすると、Wi-Fiに接続できないときはモバイル回線のデータ通信を使用して写真がアップロードされます。データ通信量が多くなるので、外出先でアップロードしたいときなどに限定して設定しましょう。

1 OneDriveアプリで[写真]タブをタップします。

2 [有効にする]をタップします。

3 スマートフォン内の写真と動画がOneDriveにアップロードされます。

4 アップロードされた写真と動画がパソコンの「フォト」アプリで閲覧、編集できるようになります。

「OneDrive」で共有されている写真にはアイコンが表示されます。

Section 74 「フォト」アプリで写真を整頓する

ここで学ぶのは
- 写真の表示
- 写真の削除
- フォルダーの追加／削除

「フォト」アプリでは、取り込んだすべての写真、動画をサムネイル（縮小表示）で一覧できます。サムネイルをダブルクリックすると新しいウィンドウで表示され、より大きく見ることができます。また、ナビゲーションを利用してフォルダーを移動することもできます。

1 写真を大きく表示する

Memo サムネイルの種類とサイズを変更する

サムネイルの種類は［リバー］（サイズに応じて可変）または［正方形］、表示サイズは［小］［ミディアム］［大］から選択できます。サムネイルの種類とサイズを変更するには、画面右上のボタンをクリックし、目的の種類とサイズを選択します。

1. ［ギャラリー］をクリックすると、
2. 取り込んだ写真、動画が撮影日時順にサムネイルで表示されます。
3. 大きく表示したい写真をダブルクリックすると、

4. 新しいウィンドウに写真が大きく表示されます。

ツールバーが表示されます（次ページのHint参照）。

5. ウィンドウを閉じるには、✕（閉じる）をクリックします。

2 写真を削除する

注意　OneDriveからも削除される

写真を削除する際に1つ注意が必要なのが、OneDriveと同期した写真を削除する場合です。パソコン内の写真が削除されるだけでなく、OneDrive内からも削除されます。本当に不要な写真のみを削除しましょう。削除したファイルはOneDriveのごみ箱に入っており、30日以内なら復元可能です（197ページ参照）。

Hint　拡大表示時のツールバー

写真を大きく表示すると、画面上部にツールバーが表示されます。ツールバーの各ボタンをクリックすることで、写真の編集や印刷などが可能です。

① 編集モードに切り替える
② 時計回りに90度回転する
③ 写真を削除する
④ 印刷
⑤ 共有
⑥ スライドショーを開始
⑦ 画像サイズ変更、別名で保存、写真をエクスプローラーで表示するなどのメニューが表示される

---

1 削除する写真をクリックしてチェックを付けて、

2 [削除] をクリックします。

確認のメッセージが表示されます。

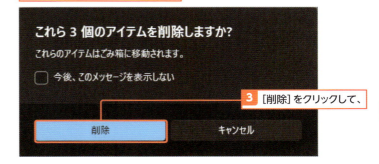

3 [削除] をクリックして、

写真が削除されます。

3 「フォト」アプリでフォルダーを操作する

解説 サイドバーのフォルダー階層

「フォト」アプリのサイドバーには、フォルダーが表示されています。標準では[ピクチャ]フォルダーとOneDrive内の[画像]フォルダーが表示されており、その中のサブフォルダーも見ることができます。

Memo フォルダーを追加する

[ピクチャ]フォルダー以外のフォルダーに写真を保存している場合は、そのフォルダーを「フォト」アプリに追加すると、その中の写真をアプリで閲覧編集できます。追加するには、右の手順のように操作するか、サイドバーの[このPC]をクリックして[フォルダーの追加]をクリックします。

Memo フォルダーを削除する

サイドバーのフォルダーが不要になったら、右クリックすると表示されるメニューから、[フォルダーを削除]、あるいは[Microsoftフォトからフォルダーを削除する]をクリックします。前者はフォルダーとその中身の写真をサイドバーから削除し、[ごみ箱]に移動します。後者はアプリからフォルダーとその中身の写真を削除するだけで、実際のフォルダーと写真は削除されません。

1 [このPC]の下にある、[ピクチャ]の ✓ をクリックすると、

2 [ピクチャ]フォルダー内のサブフォルダーが表示されます。

3 [このPC]を右クリックして、

左のMemoを参照。

4 [フォルダーの追加]をクリックします。

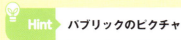

Hint パブリックのピクチャ

［パブリックのピクチャ］フォルダーは、1台のパソコンを複数のユーザーアカウントで利用している場合に、みんなで写真を共有するためのものです。普通の［ピクチャ］フォルダーはユーザーごとに別々に分かれているため（105ページ参照）、現在ログインしているユーザーのものしか見ることができません。［パブリックのピクチャ］フォルダーなら、どのアカウントのユーザーでもアクセスできます。［パブリックのピクチャ］フォルダーの場所は、［PC］→［ローカルディスク（C:）］→［ユーザー］→［パブリック］とたどります。

5 フォルダーを選択して、

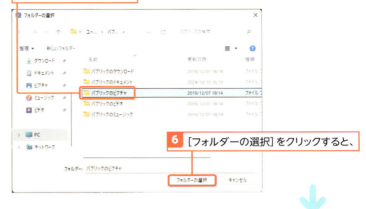

6 ［フォルダーの選択］をクリックすると、

7 サイドバーにフォルダーが追加されます。

追加されない場合は、いったん「フォト」アプリを終了して、再度起動してください。

使えるプロ技！ 「フォト」アプリの配色を変更する

「フォト」アプリの配色を変えたい場合は、ウィンドウ右上の［設定］⚙をクリックし、［テーマのカスタマイズ］から［ライト］［ダーク］［Windowsの既定値］のいずれかから選択します。

1 ［設定］をクリックして、

2 テーマを選択します。

Section 75 写真の色合いや明るさを変更／調整する

ここで学ぶのは
- 「フォト」アプリの編集モード
- フィルター
- 明るさや色合いの調整

「フォト」アプリには、写真の色合いや明るさをまとめて、ワンタッチで変えることができる「フィルター」機能が用意されています。また、明るさや色鮮やかさなどを個別に調整するための機能も用意されているので、これらを活用して写真をイメージどおりに演出しましょう。

1 フィルターで写真の雰囲気を変える

解説 フィルターで加工する

「フォト」アプリの編集モードでは、スマートフォンの写真アプリでもおなじみの「フィルター」を利用できます。フィルターは色合いや明るさを変えて、写真の雰囲気を一変させるための特殊効果で、「フィルター」ウィンドウで目的のフィルターをクリックするだけで適用できます。適用後、［強さ］のスライダーを左右にドラッグして、フィルターの適用度合いを微調整できます。

1 一覧から写真をダブルクリックして大きく表示します。

2 ［編集］をクリックすると、

3 編集モードに切り替わります。　**4** ［フィルター］をクリックして、

5 「フィルター」ウィンドウで目的のフィルターをクリックします。

> **Memo** コピーとして保存
>
> 編集モードで加工した際に元の写真を残したい場合は、[コピーとして保存]をクリックします。元の写真を上書きしてよい場合は、をクリックして[保存]をクリックします。加工した結果を残さない場合は、[キャンセル]をクリックするか、画面左上の をクリックすると、変更結果が破棄されます。

6 写真にフィルターが適用され、色合いや明るさが変わります。

7 [保存オプション]の をクリックして、

8 [コピーとして保存]をクリックして保存します。

2 明るさや色合いを手動で調整する

> **Hint** 明るさと色合いの調整項目
>
> 右図の「調整」ウィンドウで調整できる項目とその内容は、以下のとおりです。
>
> ● 明るさ
> 写真全体の明るさを調整します。
>
> ● 露出
> より自然に写真全体の明るさを調整します。
>
> ● コントラスト
> 写真の明暗差を調整します。
>
> ● ハイライト
> 写真の明部を中心に明るさを調整します。
>
> ● シャドー
> 写真の暗部を中心に明るさを調整します。
>
> ● ふちどり
> 写真の四隅四辺の明るさと濃度を調整します。
>
> ● 彩度
> 色の鮮やかさを調整します。
>
> ● 暖かさ
> 色温度を調整します。右方向で暖色系に、左方向で寒色系に調整します。
>
> ● 濃淡
> 色の濃さを調整します。
>
> ● 鮮明度
> 色と明るさの強弱を調整します。

1 編集モードで[調整]をクリックします。

2 目的の調整項目のスライダーをドラッグします。

3 写真の明るさや色合いが変化します。

Section 76 写真をトリミング／補正する

ここで学ぶのは
- トリミング
- 傾きの調整
- 写真の回転／反転

「トリミング」は、写真の不要な部分をカットする編集機能です。写真の被写体をより大きく見せたい場合は、「フォト」アプリの編集モードに用意されているトリミング機能を利用しましょう。また、傾いている被写体をまっすぐに補正することも簡単に行えます。

1 写真の不要部分をカットして被写体を大きく見せる

Hint 縦横比を指定してトリミングする

右の手順では、写真を囲む枠線の大きさを自由に変更してトリミングしていますが、枠線の縦横比を指定してトリミングすることもできます。縦横比を指定するには、「トリミングする」ウィンドウの中央下部にある[自由]をクリックし、表示される縦横比の一覧で目的の縦横比をクリックします。

1 一覧から写真をダブルクリックして大きく表示します。

2 [編集]をクリックします。

3 編集モードに切り替わります。

4 [トリミングする] をクリックします。

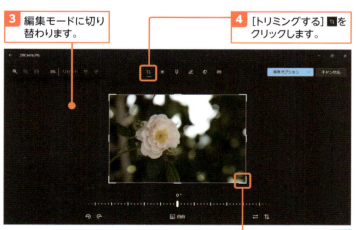

5 写真の四隅や四辺にあるハンドルをドラッグします。

Hint トリミングを取り消す

トリミングを取り消すには、枠線を元の大きさに戻すか、上部左側に表示されている[リセット]をクリックします。ただし、保存後に取り消すことはできません。

6 ドラッグに合わせて枠線の大きさが変更されます。

7 [保存オプション]の✓をクリックして

8 [コピーとして保存]をクリックして保存します。

2 被写体の傾きを補正する

解説 傾きの調整

被写体が微妙に傾いている状態を補正するには、右の手順のように操作します。写真の下にあるスライダーを左にドラッグすると時計回りに、右にドラッグすると反時計回りに写真全体が回転されるので、被写体がまっすぐになるように調整しましょう。なお、回転させることで枠外にはみ出た部分はトリミングされます。

1 編集モードで[トリミングする]🔲をクリックし、

2 写真の下にあるスライダーをドラッグします。

3 傾きを補正したら、[保存オプション]から保存します。

Memo 写真を回転／反転させる

スライダーの下にある4つのボタンのクリックすると、画像を90度ずつ回転させたり、水平／垂直に反転させることができます。

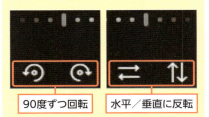

90度ずつ回転　水平／垂直に反転

Section 77 Clipchampで動画を編集する

ここで学ぶのは
- Clipchamp
- 動画の編集
- 動画の書き出し

動画を編集するために、Clipchampというアプリが標準で用意されています。Clipchampを使うと、スマートフォンなどで撮影した動画を自由に切り貼りして、オリジナルの動画を作成できます。今回はClipchampの基礎として、動画をトリミングして連結し、1つの動画ファイルに書き出す方法を解説します。

1 動画の作成を開始する

解説 Clipchamp

ClipchampはWindowsに追加インストールできる動画編集アプリです。動画の切り貼りやサウンドやテロップの合成、書き出しなど必要な機能は一通りそろっています。YouTubeなどの動画共有サービスへのアップロードや、パソコンの画面の録画なども可能です。

使えるプロ技！ 演出付きの動画を簡単に作成できる

手順3のClipchampのホーム画面で、[AIでビデオ作成]をクリックすると、自動作成モードで動画を作成できます。自動作成モードでは、最初に動画素材を追加して、スタイル(縦長もしくは横長)、動画全体の長さを指定するだけで、簡単にBGMやタイトルなどの演出効果付きの動画を作成できます。

1 [スタート]ボタンをクリックして、

2 [Microsoft Clipchamp]をクリックすると、

3 Clipchampが起動します。

4 [新しいビデオを作成]をクリックします。

この後、次ページ以降の内容を続けて操作します。

2 動画素材を追加する

解説 動画素材の追加

動画を作成するには、素材となる動画が必要です。[メディアのインポート]の横の をクリックすると、パソコン内などから動画ファイルを取り込むことができます。パソコン内の他に、OneDriveやGoogleドライブ内の動画ファイルを取り込むこともできます。

使えるプロ技！ パソコンの画面も録画できる

パソコンの操作解説動画やゲーム実況動画などを作成するために、パソコンの画面を録画することがあります。前ページの手順3の画面で[自分を録画]の[試してみる]をクリックすると、パソコンの内蔵カメラでの撮影や、画面の録画が可能になります。

Hint 有料アップグレードで動画がバックアップされる

Clipchampは無料でも利用できますが、画面上部にある[アップグレード]をクリックすると、有料プランに切り替えることが可能です。有料プランでは、作業中の動画をクラウドにバックアップすることができます。その他、サウンドやエフェクトなどのプレミアム素材が利用可能になります。

1 [メディアのインポート]の横の をクリックして、

2 [ファイルの参照]をクリックします。

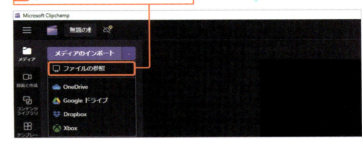

3 動画ファイルを選択して、

4 [開く]をクリックします。

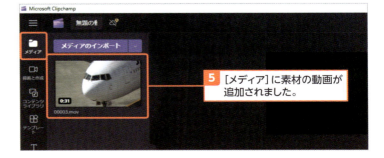

5 [メディア]に素材の動画が追加されました。

3 動画をトリミングして分割する

Key word　タイムライン

Clipchampの画面下部にある、動画を配置可能な部分を「タイムライン」と呼びます。動画の編集作業は主にこの部分で行います。動画の他に、テキストやオーディオも配置して、動画と一緒に再生できます。

Key word　プレビュー

タイムラインの上に表示されている映像はプレビューです。タイムラインで編集した結果を確認できます。動きを見たい場合は、プレビューの[▶]をクリックしてください。
動画のトリミングや分割位置を決める場合は、タイムライン上の白いラインを動かし、プレビューを見ながら判断します。

解説　動画のトリミング

タイムラインに配置した動画に、仕上がりの動画に反映したくない部分がある場合は、手順❸のように左右端のハンドルをドラッグしてトリミングします。タイムライン上の動画が小さくてトリミングしにくい場合は、タイムラインの右上部にある[＋][－]をクリックして表示を拡大／縮小します。

Memo　トリミングしても元の素材動画は変わらない

タイムライン上でトリミングや分割をしても、元の素材動画には影響ありません。つまり作業した結果、オリジナルが失われることはないので、安心して作業できます。

❶ 動画素材をタイムラインにドラッグ＆ドロップすると、

❷ タイムラインに追加されます。

プレビューで映像を確認できます。

❸ 動画の左右端をドラッグすると、

❹ 動画がトリミングされます。

解説　動画を分割する

動画の途中をカットしたり、動画の途中に他の動画を挟み込んだりしたい場合は、タイムライン上の動画を分割します。分割のショートカットキーは S キーです。また、Space キーで動画の再生／停止が行えるので、キーボードを使って効率的な動画編集が行えます。

解説　他の動画を連結する

動画素材を取り込んでタイムラインに配置する操作を繰り返せば、複数の動画をタイムライン上で連結できます。タイムライン上でドラッグして、動画の順番を入れ替えられます。

使えるプロ技！　音声から字幕を生成する

タイムラインの動画を選択して、［自動キャプチャを使用するためAIを使用して文字起こしをする］をクリックすると、動画の音声がAIによって解析されて、文字起こしされたものが、動画のテロップとして自動挿入されます。自動挿入されたテロップを消去するには、［自動キャプチャを非表示にする］をクリックします。

5 動画を分割したい位置に白いラインを移動して、

6 ［スプリット］をクリックすると、

7 動画が2つに分割されます。

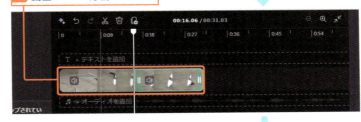

8 他の動画素材をタイムラインに追加します。

9 タイムライン上でドラッグすると、

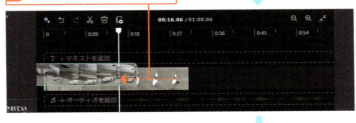

10 動画の順番が入れ替わります。

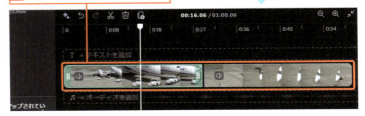

4 編集した動画を書き出す

解説　動画の書き出し

動画の編集が終わったら、[エクスポート]をクリックして動画をMP4形式の動画ファイルとして書き出します。動画品質は480p、720p、1080p、4K、GIFから選択できます。数値が大きいものほど高品質で、1080pは地上波デジタルテレビ放送と同じフルHDに相当します。なお、4Kは有料のClipchamp Premiumプランユーザーのみ、GIFは15秒以下の動画のときのみ選択できます。

使えるプロ技！　動画共有サービスにアップロードする

動画をエクスポートする画面では、GoogleドライブやYouTube、TikTokなどに動画をアップロードすることもできます。画面左側に利用可能なサービス名が表示されているので、クリックしてアップロードしてください。

Memo　動画にタイトルを付ける

「無題の動画」の部分をクリックすると、動画にタイトルを設定できます。

Memo　ホーム画面に戻る

動画の書き出しが終わったら、画面上部の[ホーム]をクリックすると、Clipchampの最初の画面に戻ります。編集した動画は「あなたの動画」に表示されていて、クリックすると編集を再開できます。

1 [エクスポート]をクリックして、

2 動画の品質（ここでは1080p）を選択します。

3 動画の生成が完了すると完了アイコンが表示されます。

4 [ダウンロードフォルダーを開く]をクリックすると、

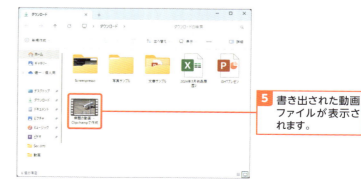

5 書き出された動画ファイルが表示されます。

第**10**章

さまざまな周辺機器を使用する

　パソコンに接続する機器のことを「周辺機器」といいます。周辺機器にはプリンターやWi-Fiルーター、ハードディスクドライブ（HDD）など、たくさんの種類があり、パソコンに接続することでその用途を広げることができます。ここでは、代表的な周辺機器であるUSBメモリやプリンター、近年需要が高まっているBluetooth機器などについて解説します。また、周辺機器ではありませんが、ここ数年で定着したタッチPCについても解説します。

Section 78	▶ 周辺機器にはどんなものがある？
Section 79	▶ USB メモリでファイルを持ち運ぶ
Section 80	▶ プリンターを接続して印刷する
Section 81	▶ 光学ドライブで光ディスクにファイルを書き込む
Section 82	▶ Bluetooth 機器を無線接続する
Section 83	▶ タッチ PC の操作をマスターする
Section 84	▶ スマートフォンとパソコンを連携する

Section

78

周辺機器には どんなものがある？

ここで学ぶのは

▶ 周辺機器

▶ USB

▶ ポート／コネクタ

パソコンならではの特徴の1つに、周辺機器の豊富さがあります。パソコンには機器を接続する差し込み口（ポート）が複数用意されており、プリンターや光学式ドライブ、外付けストレージといった、さまざまな周辺機器を接続してパソコンの機能を強化できます。

1 パソコンは周辺機器がとにかく豊富

スマートフォンでもキーボードや外付けバッテリーなどの周辺機器がありますが、パソコンの周辺機器に比べると微々たるものです。家電量販店やAmazonなどのECサイトを覗けば、ものすごい数のパソコン用周辺機器が見つかります。周辺機器の増設で、手軽にパワーアップできるのはパソコンの大きなメリットといえるでしょう。以下の表に示すのはパソコン用周辺機器の中でもごく一部で、その他にも「ビデオキャプチャアダプタ」「キーボード切り替え器」「外部ディスプレイ」などさまざまな種類があります。初心者にはあまりおすすめできませんが、デスクトップパソコンであれば中のパーツ（メインメモリや内蔵ストレージなど）を交換することもできます。

種類	説明
Wi-Fiルーター	パソコンやスマートフォンをWi-Fi（無線）接続したい場合に必要となります（129ページ参照）。
プリンター	文書や写真などを印刷する機器です（254ページ参照）。
外付けストレージ	パソコンの外部にファイルを保存するためのストレージ（記憶装置）です。ハードディスクドライブ（HDD）、SSD（ソリッドステートドライブ）、NAS（ネットワーク接続ストレージ）などの種類があります。ちょっとしたファイルの持ち運びにはUSBメモリを使います。
光学ドライブ	DVDディスクやBlu-rayディスクを利用するための周辺機器です。動画再生のためには再生ソフトが必要になります。
Webカメラ、ヘッドセット	動画配信やビデオ会議（188ページ参照）でより高品質な映像・音声を送りたい場合に使用します。

2 周辺機器を接続するポートの種類

たいていのパソコンには、機器を接続するポートがいくつか付いています。最も汎用性が高いのが**USB（Universal Serial Bus）ポート**で、ほとんどの周辺機器はここに接続します。その他には有線LANケーブルを接続するLANポートや、外部ディスプレイを接続する**HDMIポート**などがあります。また、ケーブルを挿すポートではありませんが、スマートフォンでもおなじみの**Bluetooth**（258ページ参照）という無線規格にも対応しています（デスクトップパソコンは非対応の機種もあります）。

ややこしいことに、USBには**2.0、3.0などの規格**に加えて、**ポート／コネクタが数種類**あります。せっかく周辺機器や接続ケーブルを購入したのに、規格が合わずに動かない／挿せないこともあるのです。とはいえ、規格の下位互換性が保たれているので、古い周辺機器は接続さえできれば動かないことは少ないです。新しい周辺機器を購入するときは、パソコン側の仕様も確認しておきましょう。

● USBの規格

規格	説明
USB 1.0/1.1	初期のUSB規格。マウスやキーボードなどの低速な機器を想定しています。
USB 2.0（Hi-Speed USB）	2000年頃から長期間にわたって使われている規格で、1.0より高速になった結果、さまざまな周辺機器が接続できるようになりました。今でもUSB 2.0対応のパソコン、周辺機器は少なくありません。下位互換性があるので、2.0対応機器はUSB 3.xのポートに接続して利用できます。
USB 3.0/3.1/3.2	データ転送速度や供給電力がさらに向上しています。USB 3.xの周辺機器をUSB 2.0のポートに接続した場合、性能が低下するか動作しません。

● USBのポート／コネクタ

種類	説明
Type-A	パソコンでは最も一般的な形状です。3.x用のポートは2.0以前と区別するために青色になっています。
Type-B	周辺機器側に使うとされ、正方形に近い形をしています。プリンターなどで使われています。
マイクロUSB Type-B	小型機器向けで、スマートフォンの接続にも使われます。USB 3.1でType-Cが登場したため、徐々に置き換えが進んでいます。小型機器向けにはミニUSBやマイクロUSB Type-Aといったものもあるのですが、めったに見かけません。
Type-C	USB 3.1から採用された小型機器向けの形状で、高速かつ供給電力が大きく、外部ディスプレイの接続やノートパソコンの充電も可能となっています。

使えるプロ技　USB 3.xのポート／コネクタにはすばやく挿そう

USB 3.xは仕様上、ゆっくり挿すとUSB 2.0と認識されることがあります。間違って認識されないよう、なるべくすばやく挿すとよいでしょう。

Section 79 USBメモリでファイルを持ち運ぶ

ここで学ぶのは
- USB メモリ
- USBメモリへのファイルのコピー
- USB メモリの取り外し

「USBメモリ」は、パソコンのUSBポートに差し込んで使う記憶装置です。小さくて持ち運びしやすいうえ、大容量のファイルも保存できるため、家庭や仕事で手軽な記憶装置として広く使われています。ここでは、USBメモリにファイルをコピーする方法について解説します。

1 USB メモリの中身を表示する

Hint 通知が表示されない場合

USBメモリを初めてパソコンに挿入すると、通知が表示されて、どのように操作するかを選ぶことができます。次回以降は同じ種類の機器を接続すると、通知は表示されず前回選択した操作が行われるようになります。通知をクリックする前に消えてしまった場合は、エクスプローラーを起動して[PC]をクリックし、USBメモリのドライブをダブルクリックしましょう。

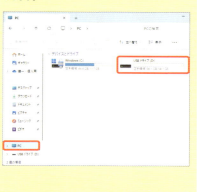

1 USBメモリを初めてパソコンのUSBポートに挿入すると、通知が表示されます。

2 通知をクリックし、

3 [フォルダーを開いてファイルを表示]をクリックすると、

4 エクスプローラーが起動し、USBメモリの中身が表示されます。

次回以降、USBメモリを挿入すると、自動的にエクスプローラーで表示されます。

2 ファイルをドラッグ＆ドロップで USB メモリにコピーする

Memo　USB メモリを取り外す

USBメモリをパソコンから取り外すには、タスクバーのUSBメモリのアイコンをクリックし、[(USBメモリ名)の取り出し]をクリックします。

1 USBメモリのアイコン をクリックし、

2 [(USBメモリ名)の取り出し]をクリックします。

3 この表示が出たらUSBメモリを抜きます。

1 ファイルをUSBメモリのウィンドウ内へドラッグ＆ドロップすると、

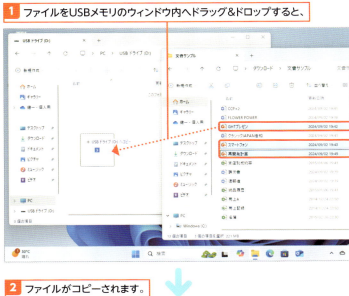

2 ファイルがコピーされます。

Hint　右クリックメニューでファイルを USB メモリへ送る

上の操作手順では、ドラッグ&ドロップを使ってファイルをコピーしましたが、右クリックメニューを使うこともできます。コピー元のウィンドウとUSBメモリのウィンドウを並べるのが面倒なときにおすすめです。

1 ファイルを右クリックして[その他のオプションを確認]をクリックし、

2 [送る]→[(USBメモリ名)]をクリックします。

Section 80 プリンターを接続して印刷する

ここで学ぶのは
- プリンターの接続
- ドライバー
- 既定のプリンター

写真やWebページなどを印刷するには、まずプリンターをパソコンに接続する必要があります。有線でつなぐ場合はパソコンのUSBポートにプリンターのUSBケーブルを挿し込み、[Bluetoothとデバイス]からプリンターを追加します。既定のプリンターの設定方法もあわせて見ていきましょう。

1 プリンターを接続する

解説　使用するにはドライバーが必要

プリンターを利用するには、「ドライバー（デバイスドライバー）」というプログラムが必要です。インストール方法はプリンターの機種によって異なり、接続するだけで自動的にインストールされるものもあれば、CD-ROMもしくはWebサイトからダウンロードしてインストールするものもあります。詳しくはプリンターの取扱説明書を参照してください。

Hint　プリンターが表示されない場合

接続したいプリンターが「プリンターとスキャナー」画面に表示されない場合は、プリンターの電源がオフでないか、接続に問題がないかなどを確認してください。ネットワーク接続プリンターの場合は、プリンター側でネットワークの接続が設定されているかを確認します。

1 「設定」アプリを起動します。

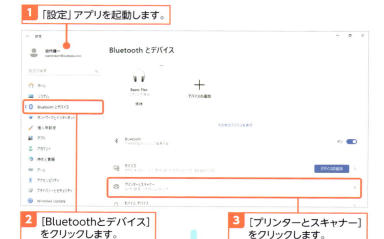

2 [Bluetoothとデバイス]をクリックします。

3 [プリンターとスキャナー]をクリックします。

4 [デバイスの追加]をクリックします。

接続可能なプリンターが表示されます。

5 接続したいプリンターの[デバイスの追加]をクリックします。

2 既定のプリンターに設定する

 既定のプリンターの設定

「既定のプリンター」とは、印刷時に初期設定で選ばれているプリンターのことです。複数台のプリンターが利用可能な場合、最もよく使うものを指定しておきます。手順❶の[Windowsで通常使うプリンターを管理する]がオンの場合は、最後に使用したプリンターが既定となるよう自動設定されるため、オフにしてからプリンターを選択します。

1 画面を下にスクロールし、[Windowsで通常使うプリンターを管理する]のスイッチをクリックしてオフにします。

2 画面を上にスクロールし、既定のプリンターにしたいプリンターをクリックします。

 プリンターの接続を解除するには？

プリンターの接続を解除するには、手順❸の画面で[削除]をクリックします。削除後に再び接続するには、左ページの手順に沿ってデバイスを追加する必要があります。

3 [既定として設定する]をクリックします。

Section 81 光学ドライブで光ディスクにファイルを書き込む

ここで学ぶのは
- 光ディスクの種類
- 光ディスクへの書き込み
- フォーマット

CDやDVDなどの光ディスクは、安価に大量のデータを記録できる記録メディア（記録媒体）です。最近ではUSBメモリなどに置き換えられつつありますが、「写真や動画などを長く保存しておきたい」「友だちにディスクごとあげたい」といった用途では今でも使われています。読み書きに光学ドライブが必要です。

1 光ディスクにファイルを保存する

光ディスク

CDやDVD、Blu-rayなどの、レーザー光によって読み書きする記録メディアを「光ディスク」といいます。CDでは約700MB、DVDでは約5GB、Blu-rayでは約25GBのデータを記録できます（DVD、Blu-rayは大容量の多層型もあります）。読み取り専用のROMと、書き込み可能なRやRWがあります。

書き込み可能な光ディスクの種類

書き込み可能な光ディスクにはいくつか種類があり、特にDVDはDVD-R、DVD-RW、DVD+R、DVD+RWなど4種類もあります。見分け方として、「-R」は1回のみ書き込み可能、「-RW」や「-RE」は書き込んだデータを消して書き換えることが可能です。
また、書き換えできない「-R」でも「ライブファイルシステム」でフォーマットすれば、古い部分を読めなくすることで擬似的にデータの削除や書き換えが可能になります。ただし、書き換えをするたびに容量が減っていきます。

1 何も保存されていない書き込み可能なCD／DVDを光学ドライブに挿入すると、

2 通知が表示されるのでクリックし、

3 ［ファイルをディスクに書き込む］をクリックします。

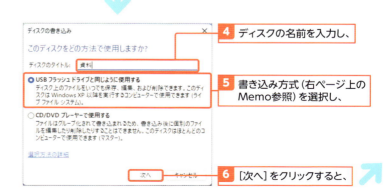

4 ディスクの名前を入力し、

5 書き込み方式（右ページ上のMemo参照）を選択し、

6 ［次へ］をクリックすると、

光ディスクへの書き込み方式

光ディスクに書き込む(保存する)方法は、次の2種類があります。

● **USBフラッシュドライブと同じように使用する**
「ライブファイルシステム」と呼び、自由にファイルの保存や追加、削除ができます。

● **CD/DVDプレーヤーで使用する**
「マスター」と呼び、書き込みを完了したあとはファイルの編集や削除ができません。CD-ROMの原盤作成などに使います。

フォーマット

「フォーマット」とは、書き込み可能なCDやDVDを初期化して、パソコンで利用できるようにすることです。

注意　プレーヤー向けの動画ディスクは作れない

単純に動画ファイルをDVD／Blu-rayディスクに保存しても、DVD／Blu-rayプレーヤーでは再生できません。プレーヤーで再生可能なDVDビデオ形式のディスクを作成するには、動画編集ソフトなどが必要になります。

光ディスクを取り出す

光ディスクを取り出すには、エクスプローラーで光学ドライブを表示し、ツールバーの[取り出す]をクリックします。マスター方式の場合は、取り出す前に[もっと見る] … をクリックして[書き込みを完了する]を選択してください。書き込み処理が終了したあとで自動的にドライブから排出されます。

7 フォーマットが始まります。

8 フォーマットが完了すると、CD／DVDに保存できるようになります。

9 ファイルをドラッグ&ドロップすると、

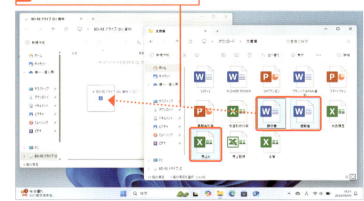

10 ファイルが保存されます。

マスター方式(左上のMemo参照)の場合は、[もっと見る] … をクリックして[書き込みを完了する]をクリックし、書き込み完了処理を行います。

Section 82 Bluetooth機器を無線接続する

ここで学ぶのは
- Bluetooth 機器の接続
- ペアリング
- Bluetooth 機器の切断

Bluetooth（ブルートゥース）は、無線で周辺機器を接続するための通信規格です。マウスやイヤホン、ゲームコントローラーなどをケーブルを介さずに利用できます。スマートフォンではBluetoothは標準装備ですが、デスクトップパソコンでは対応していない機種もあるので、購入前に確認しておきましょう。

1 パソコンを待機状態にする

解説　Bluetooth 機器

Bluetooth機器のメリットは、ケーブルなしで接続できることです。特にイヤホンやヘッドセット、マウス、キーボードなど、人間が装着したり触れて操作したりする周辺機器は、ケーブルがあるとわずらわしいため、Bluetooth機器が増えています。Bluetoothには1.0～5.xのバージョンがあり、バージョンの数字が大きいものほど高速で消費電力も減っています。

Key word　ペアリング

Bluetooth機器が特定のパソコン／スマートフォンと接続するよう設定することを「ペアリング」といいます。ペアリングを行うには、パソコンと周辺機器をペアリングモードにする必要があります。周辺機器をペアリングモードにする方法は機器ごとに異なるので、マニュアルなどを参照してください。

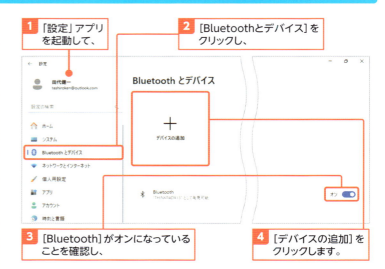

1 「設定」アプリを起動して、
2 [Bluetoothとデバイス] をクリックし、
3 [Bluetooth] がオンになっていることを確認し、
4 [デバイスの追加] をクリックします。

5 [Bluetooth] をクリックすると、

6 パソコンが待機状態（ペアリングモード）になります。

2 パソコンとBluetooth機器をペアリングする

Hint Bluetooth機器の設定を削除する

パソコンからBluetooth機器の設定を削除するには、登録したBluetooth機器の右上にあるをクリックし、［デバイスの削除］をクリックします。
複数のBluetooth機器を登録している場合、すべてのBluetooth機器との通信を切断したい場合は、「Bluetoothとデバイス」画面の［Bluetooth］をオフにします。

1 Bluetooth機器をペアリングモードにすると、

2 機器が検出されるので、クリックします。

3 ［完了］をクリックすると、

使える プロ技！ Wi-Fiとは何が違う？

無線通信技術という点ではBluetoothとWi-Fiは似ています。ただしBluetoothは周辺機器用途がメインなので、Wi-Fiより電波が弱く低速で、近距離でしか使えないといった特徴があります。

4 パソコンにBluetooth機器が登録され、利用可能になります。

Section 83 タッチPCの操作をマスターする

ここで学ぶのは
- タッチPC
- タッチキーボード
- 回転ロック

ディスプレイにタッチパネルを搭載したパソコンを**タッチPC**や**タブレットPC**などと呼びます。Windows 11では、**タッチでもマウスと操作方法がほとんど変わらない**のが大きな特徴です。右クリックに相当する操作が**長押し**であることなど、いくつかの基本操作を覚えれば、あとは感覚で使うことができます。

1 タッチPCでファイルを操作する

解説 タッチでも変わらない操作感

Windows 10まではタッチPC向けの「タブレットモード」があり、タッチ操作しやすい画面に切り替えていました。Windows 11ではタブレットモードは廃止されています。その代わり、標準で指で操作しやすいデザインになっているため、マウスでの操作方法を覚えている人なら、違和感なく指で操作できます。

Memo ロック画面の解除は上にスワイプ

タッチPCでロック画面を解除するには、上方向にスワイプします。PINやパスワードの入力を求められた場合は、タッチキーボード（262ページ参照）で入力します。

Memo ドラッグ&ドロップするときは横に動かす

エクスプローラー上では、タッチ操作で縦方向にドラッグ（スワイプ）すると、スクロールと認識されます。ファイルをドラッグ&ドロップしたい場合は、まず横方向にドラッグしてください。いったんドラッグ状態になれば、縦でも横でも自由に動きます。

1 選択したいアイコンを引っかけるように画面上を指でドラッグします。

2 デスクトップや他のフォルダーにドラッグ&ドロップします。

Memo 右クリックは長押し

タッチ操作には左クリック／右クリックという区別がないため、右クリックしたい場合は代わりに長押しを使います。例えば[スタート]ボタンを右クリックしたい場合は、[スタート]ボタンを長押しします。

Hint マウスの利点、タッチの利点

マウスの利点は、小さなボタンやアイコンを押すといった精密な操作ができることです。タッチの利点は、目の前にあるボタンをすぐに押すといった直感的な操作ができることです。そのためタッチPCは、電子書籍やWebページ、動画を見るといった鑑賞用途に向いています。

3 アイコン上で長押しすると、黒い四角が表示されます。

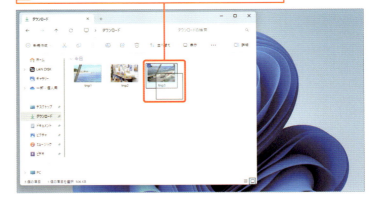

4 この状態で指を放すと右クリックメニューが表示されます。

ウィンドウを操作する

解説 ウィンドウサイズを変更する

ウィンドウの左右か上下の端を押さえると、延びる方向を表す「はみ出し領域」が表示されます。ウィンドウの角を押さえた場合は、左右と上下方向にはみ出し、高さと幅を同時に変えられます。

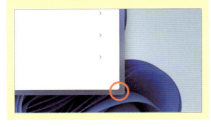

1 ウィンドウの右端を押さえると、右側に半透明の「はみ出し領域」が表示されます。

2 この状態でドラッグするとウィンドウサイズが変わります。

3 タッチキーボードの操作

解説 タッチキーボードの表示

タッチPCからキーボードを取り外すか、背面に折りたたむと、パソコンの物理キーボードが無効になります。この状態で入力可能な場所をタップすると、タッチキーボードが表示されます。タッチキーボードは、タスクバーのコーナーアイコンをタップしても表示できます。

1 入力可能な部分をタップすると、

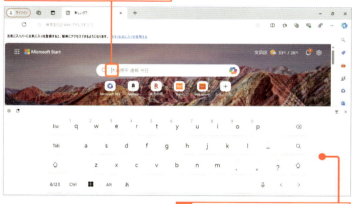

2 タッチキーボードが表示されます。

3 左端の[設定]アイコンをタップし、

4 [キーボードレイアウト]→[分割]の順にタップすると、

Memo タッチキーボードを移動可能にする

タッチキーボードの右端にある分離ボタンをタップすると、移動可能なタッチキーボードになります。

使えるプロ技！ 絵文字を入力する

タッチキーボードの[設定]アイコン🔘の右側にあるハート付きアイコン💟をタップすると、絵文字を入力できます。

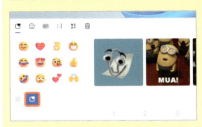

5 分割キーボードに変わります。

4 クイック設定から回転ロックを設定する

 解説　回転ロック

タッチPCの物理キーボードが無効の状態では、パソコンを動かしてディスプレイの向きを回転できるようになります。それを現在の状態で固定するのが「回転ロック」です。パソコンを傾けるたびに画面が回転するのを避けたいときなどに使います。

1 [クイック設定]をタップして、

 注意　キーボード有効時は回転ロックを使えない

タッチPCの物理キーボードが有効の状態では、ディスプレイは横向きで固定されます。回転ロックのボタンもグレーアウトして利用できなくなります。

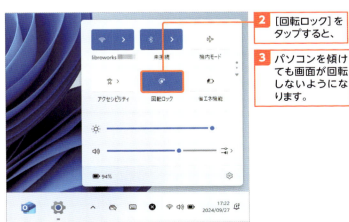

2 [回転ロック]をタップすると、

3 パソコンを傾けても画面が回転しないようになります。

Section 84 スマートフォンとパソコンを連携する

ここで学ぶのは
- スマートフォン連携
- モバイルデバイスのリンク
- 「Windowsにリンク」アプリ

スマートフォンとパソコンを連携させることで、スマートフォンで撮影した写真の閲覧や取り込みはもちろん、通話やSMSの履歴の参照、電話の受発信などの操作も、パソコン側から行えるようになります。パソコンでは標準搭載されている「スマートフォン連携」アプリを使い、スマートフォンには専用アプリをインストールしておきます。

1 「スマートフォン連携」とは？

Key word　スマートフォン連携

「スマートフォン連携」は文字どおり、WindowsパソコンとiPhone、Androidスマートフォンを連携させる機能およびパソコンに標準搭載されたアプリの名称です。連携する際にパソコンとスマートフォンをケーブルで接続する必要もなく、ワイヤレスですべてが完結します。

パソコンに標準搭載の「スマートフォン連携」アプリのメイン画面です。

1 連携、接続済みスマートフォンの情報が表示されます。

2 参照するスマートフォンのコンテンツを切り替えます。

スマートフォンには「Windowsにリンク」アプリ（無料）をインストールします。

2 スマートフォン連携でできること

注意　使える機能は限定的

右の表のように、スマートフォン連携にはさまざまな連携機能が用意されています。ただし、すべての機能を使いためには、パソコン側、スマートフォン側、どちらも、指定されたシステム要件を満たす必要があり、極めて限定的である点に注意してください。実際に右の表の「ファイル転送」以下の機能は、特定の機種同士の連携時にのみ利用できます。

連携機能	機能説明
メッセージ	SMSの送受信と送受信履歴の参照
通話（電話）	パソコンから電話の受発信、通話履歴の参照
通知	スマートフォン側の通知をリアルタイムでパソコンにも表示
アプリ	スマートフォンアプリをパソコン側から起動
連絡先の同期	Outlook.comやTeamsの連絡先をスマートフォンと同期
Teams	TeamsのSMS送受信履歴を同期
ファイル転送	パソコンとスマートフォン間で、相互にワイヤレスデータ転送
クリップボード転送	パソコンとスマートフォン間で、相互にクリップボードのデータをワイヤレスデータ転送
音楽ストリーミング	スマートフォンで再生中の音楽をパソコンのスピーカーから出力

第11章

Windows 11を使いこなすテクニック

　これまでWindows 11の基本的な使い方について説明してきました。最後の11章では、Windows 11をより便利にするための機能やカスタマイズについて説明していきます。ちょっとした情報を確認できる「ウィジェット」や、複数のデスクトップを作成して使い分ける「仮想デスクトップ」、プログラムを更新して最新の状態を維持する「Windows Update」など、さまざまな機能と設定を解説します。

Section 85	▶	画面とマウスを使いやすく設定する
Section 86	▶	ウィジェットを利用する
Section 87	▶	仮想デスクトップを使う
Section 88	▶	クリップボードの履歴を利用する
Section 89	▶	セキュリティを向上させる
Section 90	▶	アプリの画面を画像で保存する
Section 91	▶	アプリの画面を動画で撮る
Section 92	▶	ユーザーを追加してパソコンを使い分ける
Section 93	▶	Windows をアップデートする

Section 85

画面とマウスを使いやすく設定する

ここで学ぶのは
- テーマの変更
- 画面解像度の変更
- マウスの調整

パソコンにとって、画面は「机」、マウスは「指」に相当します。つまり画面とマウスの設定は、パソコン全体の使い勝手に直結する大事なものです。ここでは「設定」アプリを使って、画面の配色や解像度を調整する方法や、マウスの移動速度などを調整する方法を解説します。

1 テーマを変更する

Key word　テーマ

「テーマ」とは、デスクトップの背景の写真やメニュー、文字の色などの組み合わせです。テーマを変更すると、デスクトップの印象を大きく変えられます。気分や好みに応じてカスタマイズしましょう。

1 [スタート]ボタンをクリックし、
2 [設定]をクリックすると、

Memo　「設定」アプリの[ホーム]

「設定」アプリの画面左側には、メニュー項目が一覧表示されますが、その最上段に表示されるのが[ホーム]です。[ホーム]をクリックすると表示される画面には、ディスプレイや既定のアプリ、Wi-Fiに関するものなど、使用頻度が高いと考えられる設定項目がまとめられています。

3 「設定」アプリが表示されます。
4 [個人用設定]をクリックすると、

Hint ライトモードとダークモードの設定

テーマとは別に、ライトモードとダークモードの設定もあります（下図）。ライトモードは白基調の明るめの配色、ダークモードは黒基調の暗めの配色です。初期設定ではライトモードですが、画面が明るすぎず目の疲れを抑えられるという理由で、ダークモードも人気があります。

Hint デスクトップの背景画像を変更する

デスクトップの背景の写真だけを変更したい場合は、[個人用設定]の[背景]をクリックして「背景」画面を表示します。[最近使った画像]からあらかじめ用意されている写真を選びます。[写真を参照]をクリックすると、自分で撮影した写真をデスクトップの背景に設定することもできます。

5 「個人用設定」画面が表示されます。

6 [テーマを選択して適用する]からテーマをクリックすると、

7 テーマが設定され、デスクトップの配色が変更されます。

アプリの配色も変わっています。

2 画面の解像度を変更する

Key word ディスプレイの解像度

パソコンの画面は、色の付いた小さな点が縦横に並ぶことで表示されています。「解像度」とは、点の密度のことです。解像度が高いほど点が細かくなり、表示領域が広くなります。解像度を低くすると点が大きくなり、表示領域が狭くなります。

解像度 1280×720

解像度 1920×1080

使えるプロ技！ 高解像度のまま文字やアイコンを大きくする

解像度を上げるとデスクトップ範囲（表示領域）は広がりますが、ディスプレイのサイズは変わらないので相対的に文字やアイコンは小さくなってしまいます。見えにくい場合は拡大表示にしてみましょう。「設定」アプリの[システム]→[ディスプレイ]の[拡大/縮小]で[100%]より大きなパーセンテージを選択すると、高解像度を保ったまま文字やアイコンを大きく表示できます。解像度を下げたときと違って表示が粗くならないので、見やすさとキレイさを両立できます。

---

1 [スタート]メニューから「設定」アプリを表示し、

2 [システム]をクリックして、　**3** [ディスプレイ]をクリックすると、

4 「ディスプレイ」画面が表示されます。

5 [ディスプレイの解像度]で解像度（ここでは[1280×720]）を選択すると、

6 解像度が変更されます。

3 マウスを使いやすく調整する

解説 マウスの調整

マウスポインターの動きが速いほうがよいか、遅いほうがよいかは人によって異なります。初期状態で自分の好みと合わない場合は、速度を調整してみましょう。マウスの設定は「設定」アプリの[Bluetoothとデバイス]→[マウス]にあります。

Hint 左右のボタンを入れ替える

左利きの人は、右クリックと左クリックが逆のほうが使いやすいかも知れません。「設定」アプリの[Bluetoothとデバイス]→[マウス]の[マウスの主ボタン]で左右を変更できます。

1「設定」アプリの[Bluetoothとデバイス]をクリックして、

2 [マウス]をクリックします。

3 [マウスポインターの速度]のスライダーをドラッグして調整します。

使えるプロ技！ タッチパッド（トラックパッド）を調整する

ノートパソコンに標準で付いているタッチパッドの設定は、「設定」アプリの[Bluetoothとデバイス]→[タッチパッド]にあります。多くの人が気になるのが[スクロール方向]の設定でしょう。これはトラックパッドを上下になぞったときの、ウィンドウ内のスクロール方向を決めるもので、人によって自然に感じる向きが異なります。また、タッチパッドがマルチタッチ対応の場合は、3本指または4本指のジェスチャを利用できます。これらのジェスチャには、仮想デスクトップやアプリの切り替え、音量変更などが割り当てられます。

[スクロールとズーム]の[スクロール方向]で向きを変更できます。

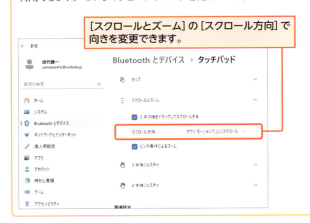

[3本指ジェスチャ][4本指ジェスチャ]は、複数の指でトラックパッド上をなぞる操作です。

Section 86 ウィジェットを利用する

ここで学ぶのは
- ウィジェット
- ウィジェットの変更
- ウィジェットの追加

「ウィジェット」とは、天気や株価などの最新情報が表示されるミニアプリです。タスクバーから表示できるので、気になるニュースなどをチェックしましょう。ウィジェットは、追加／削除したり、表示内容をカスタマイズできる他、新しいウィジェットを入手し、表示することもできます。

1 ウィジェットを表示する

解説 Windows 11 のウィジェット機能

ウィジェットは、Windows 10まで[スタート]メニューに表示されていたライブタイルに変わる機能です。標準搭載されているウィジェットだけでなく、Microsoft Storeから入手して追加することもできます。

ショートカットキー

● ウィジェットボードの表示
　■ + W

使えるプロ技！ ウィジェットボードの表示内容を切り替える

ウィジェットボードの上部には、以下のタブが表示され、各タブをクリックすることで、表示される内容を切り替えることができます。

● **トップ**
さまざまなニュースサイトが配信するストーリー（記事へのリンク）が表示されます。

● **フォロー中**
登録したチャネル（272ページ参照）の最新情報が表示されます。

● **視聴**
動画ニュースサイトの最新記事が表示されます。

● **プレイ**
Windowsでプレイできるゲームの最新情報が表示されます。

1 タスクバーの[ウィジェット]をクリックすると、

2 ウィジェットの一覧（ウィジェットボード）が表示されます。

3 ウィジェット以外の場所をクリックすると、非表示になります。

2 ニュースを閲覧する

Memo ウィジェットの種類

Windows 11には標準で14種類のウィジェットが用意されており、次ページの手順に従ってウィジェットボードに表示したり、削除したりできます。便利でよく使うものを以下に紹介します。

- [ウォッチリスト]：株価が表示されます。
- [カウントダウン]：設定した日付までのカウントが表示されます。
- [ショッピング]：オンラインショッピングサイトの商品バナーが表示されます。
- [スポーツ]：スポーツ情報が表示されます。
- [スマートフォン連携]：連携済みスマホの情報が表示されます。
- [タイマー]：時間を計測できます。
- [ヒント]：Windows 11 の使い方が表示されます。
- [フォト]：OneDrive に保存されている写真が表示されます。
- [ローカル カレンダー]：一週間ごとのカレンダーが表示されます。
- [天気]：地域の天気情報が表示されます。

1 ウィジェットを表示して、
2 興味のあるニュースをクリックすると、

3 Webブラウザーが起動してニュースのWebページが表示されます。

Memo ウィジェットのボタンを非表示にする

初期設定では、ウィジェットはタスクバーの左端に表示されています。ウィジェットを使う予定がない場合は、非表示にできます。

1 タスクバーを右クリックして、[タスクバーの設定] をクリックします。

2 [ウィジェット] をクリックしてオフにします。

3 ウィジェットを追加する

解説 ウィジェットを追加する

ウィジェットを追加するには、右の手順のように操作して[ウィジェットをピン留めする]画面を表示し、追加したいウィジェットの種類をクリックして、目的のウィジェットの[ピン留めする]をクリックします。なお、ウィジェットの種類によっては複数のウィジェットが含まれていることがあります。

Memo ウィジェットを削除する

ウィジェットを削除するには、右上隅にある…をクリックし、メニューから[ウィジェットのピン留めを外す]をクリックします。

使えるプロ技！ 興味のあるジャンルの最新情報をチェックする

ウィジェットボードの[フォロー中]タブでは、ファイナンスや映画、美容、スポーツなど、自分が興味のある分野を「チャネル」として登録しておくことができます。登録することで、この画面には以降、そのチャネルの最新情報がストーリーとして表示されるようになります。

1 [ウィジェットを追加] ＋ をクリックすると、

2 「ウィジェットをピン留めする」画面が表示されます。

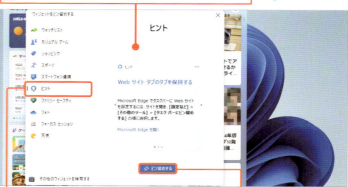

3 追加したいウィジェット（ここでは[ヒント]）をクリックして、

4 [ピン留めする]をクリックすると、

5 ウィジェットが追加されます。

4 新しいウィジェットを入手する

Memo 標準以外のウィジェットを使う

標準搭載されているウィジェットでは物足りない、他の機能が欲しいといった場合は、Microsoft Storeで配信されているサードパーティ製のウィジェットを入手して使ってみましょう。サードパーティ製ウィジェットは、右の手順のように操作すれば入手できます。ウィジェットボードへの追加、削除の方法は、標準のウィジェットと同じです。

① 左ページと同様の手順で「ウィジェットをピン留めする」画面を表示します。

② [その他のウィジェットを検索する] をクリックします。

Microsoft Store (206ページ参照) が起動し、ウィジェットがピックアップされます。

③ 207ページと同様の操作で、ウィジェットをダウンロード／インストールします。

Hint ウィジェットをカスタマイズする

ウィジェットの右上隅にある…をクリックし、メニューから [ウィジェットのカスタマイズ] をクリックすると、天気情報を取得する地域や株価の銘柄などを指定できます。設定できる内容は、ウィジェットによって異なります。

[天気] ウィジェットでは、地域や気温の単位を設定できます。

インストールが完了すると、「ウィジェットをピン留めする」画面から選択できるようになります。

④ ウィジェットをクリックして、

⑤ [ピン留めする] をクリックするとウィジェットボードに追加されます。

Section

87 仮想デスクトップを使う

ここで学ぶのは
- 仮想デスクトップの追加
- 仮想デスクトップの切り替え
- 仮想デスクトップの設定

仮想デスクトップを追加すると、1つのディスプレイ内でデスクトップを切り替えながら作業することができます。例えば、メインのデスクトップで報告書を作成し、別のデスクトップではインターネットやPDFの資料を調べるといった使い方ができます。画面の小さなノートパソコンやタブレットPCでは特に便利な機能です。

1 新しいデスクトップを作成する

解説　デスクトップを作成する

Windows 11では、新しいデスクトップ（仮想デスクトップ）を作成できます。デスクトップを作成すると、デスクトップごとに異なるアプリを表示して作業することができます。

Memo　作成したデスクトップを削除する

作成したデスクトップを削除するには、タスクビューを表示し、削除したいデスクトップのサムネイルにマウスポインターを合わせます。右上隅に×が表示されるので、クリックすると、デスクトップを削除できます。もちろん最後の1つは削除できません。

1 タスクバーの[タスクビュー]をクリックすると、

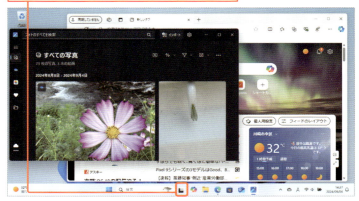

2 タスクビューに切り替わります。

3 [新しいデスクトップ]をクリックすると、

Hint 作成したデスクトップの名前を変更する

デスクトップを作成すると、[デスクトップ2][デスクトップ3]のように連番が付きます。タスクビューでデスクトップの名前をクリックすると名前を編集できるので、区別しやすいように名前を変えられます。

ショートカットキー

- デスクトップの作成
  ⊞ + Ctrl + D
- デスクトップの削除
  ⊞ + Ctrl + F4
- タスクビューの表示
  ⊞ + Tab

4 新しいデスクトップが作成されます。

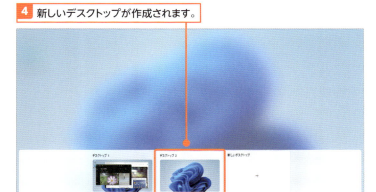

5 デスクトップのサムネイルをクリックすると、

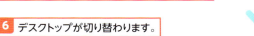

6 デスクトップが切り替わります。

デスクトップごとにアプリを起動します。

使えるプロ技！ 作成したデスクトップの背景を変更する

Windows 11の仮想デスクトップでは、デスクトップごとに背景の画像を変更できます。利用目的に応じてデスクトップの背景の画像を変更しておくと、タスクビューで区別しやすくなるので便利です。ただし、個別に変更できるのは背景の画像だけで、テーマは共通です。背景を変更する方法については、267ページのHintも参照してください。

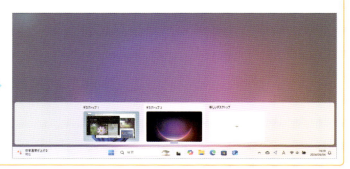

2 他のデスクトップのウィンドウを選択する

複数のデスクトップからウィンドウを選択する

目的のアプリがどのデスクトップにあるかわからなくなったときは、タスクビューを使って探してみましょう。タスクビューでデスクトップのサムネイルにマウスポインターを合わせると、そのデスクトップで表示されているアプリのサムネイルが一覧で表示されます。目的のアプリのサムネイルをクリックすると、すぐにそのアプリで作業できます。

デスクトップを削除してもアプリは終了しない

デスクトップを削除しても、アプリは終了しません。デスクトップごとにアプリを起動している状態でデスクトップを削除すると、アプリは残っているデスクトップにまとめられます。

ショートカットキー

● 隣のデスクトップに切り替える
　　■ + Ctrl + ← / →

デスクトップ2

1 [タスクビュー] をクリックし、

2 デスクトップのサムネイルにマウスポインターを合わせると、

3 そのデスクトップに表示されているアプリのサムネイルが一覧で表示されます。

4 目的のアプリのサムネイルをクリックすると、

デスクトップ1

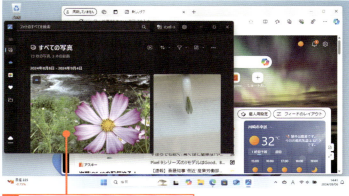

5 デスクトップが切り替わり、該当するアプリのウィンドウが表示されます。

3 他のデスクトップにウィンドウを移動する

解説　ウィンドウの移動

タスクビューでアプリのサムネイルをドラッグ&ドロップすると、他のデスクトップに移動することができます。アプリのサムネイルを右クリックして［移動先］を選んでも移動できます。

Hint　デスクトップを並べ替える

タスクビューを表示し、デスクトップのサムネイルをドラッグすると、デスクトップを並べ替えることができます。このとき、初期設定のまま連番のデスクトップ名を使っていた場合、番号は振り直されます。

1. タスクビューを表示し、
2. ［デスクトップ2］にあるアプリのサムネイルを、
3. 移動先のデスクトップ（ここでは［デスクトップ3］）にドラッグ&ドロップすると、
4. アプリが［デスクトップ3］へ移動します。

4 すべてのデスクトップに同じウィンドウを表示する

解説　同じウィンドウをすべてのデスクトップに表示する

特定のアプリをどのデスクトップでも操作できるようにしたい場合は、同じウィンドウをすべてのデスクトップに表示するよう設定できます。次の2種類の方法から選択できます。

● ［このウィンドウをすべてのデスクトップに表示する］
現在のウィンドウをすべてのデスクトップに表示します。

● ［このアプリのウィンドウをすべてのデスクトップに表示する］
指定したアプリを起動するたびに、常にすべてのデスクトップに表示します。

1. タスクビューを表示し、
2. ［デスクトップ3］にあるアプリのサムネイルを右クリックして、
3. ［このウィンドウをすべてのデスクトップに表示する］をクリックすると、

4. 同じウィンドウがすべてのデスクトップに表示されます。

Section 88 クリップボードの履歴を利用する

ここで学ぶのは
- クリップボードの履歴
- 履歴の有効化
- 履歴の利用

文字や画像をコピーして貼り付ける作業は、頻繁に行われます。初期状態のWindowsでは、新しい文字や画像をコピーすると、以前の文字や画像を貼り付けることはできません。しかし**クリップボードの履歴**を有効にすると、以前にコピーした文字や画像の中から目的のものを選択して貼り付けることができます。

1 クリップボードの履歴を有効にする

 解説　クリップボードの履歴

「クリップボード」は、コピー&ペーストのためにデータを一時保管しておく領域のことです（94ページ参照）。通常は1つのデータしか保管できませんが、「クリップボードの履歴」を有効にすると、最大25個まで保管され、選択して貼り付けることができます。ただし、4MBを超える画像などは保管できません。また、25個を超えると、古いものから順に消去されます。

 ショートカットキー

- クリップボードの履歴を表示
  ⊞ + V

Memo　「始めましょう」と表示された場合は

クリップボードの履歴を有効にする前に ⊞ + V キーを押すと「始めましょう」と表示されます。[オンにする]をクリックすると、機能が有効になります。

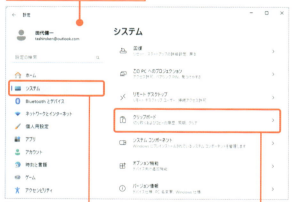

1 「設定」アプリを起動して、

2 [システム]をクリックし、

3 [クリップボード]をクリックします。

4 [クリップボードの履歴]をオンにすると、有効になります。

2 クリップボードの履歴からデータを貼り付ける

解説　クリップボードの履歴の利用

クリップボードの履歴を有効にしても、コピー／切り取り／貼り付けの操作はこれまでと変わりません。通常の貼り付けは Ctrl + V キーを押しますが、代わりに ⊞ + V キーを押すとクリップボードの履歴が表示されます。

Memo　キーボードだけで操作する

クリップボードの履歴はショートカットキーで表示するので、キーボードだけで操作することをおすすめします。 ↑ / ↓ キーで貼り付けたいものを選択し、Enter キーで貼り付けます。

Memo　データを固定する

クリップボードの履歴のデータにあるピン留めアイコン（[アイテムの固定]）をクリックすると、データが固定され、データが25個を超えたり、パソコンの電源を落としたりしても消去されなくなります。

クリックしてデータを固定しておきます。

アプリ（ここではEdgeとメモ帳）を起動しています。

1 Edgeでコピーしたいテキスト（ここではURL）を範囲選択し、

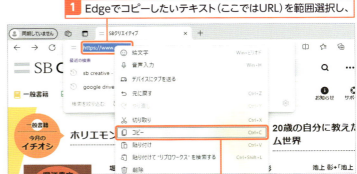

2 右クリックメニューを表示して［コピー］をクリックします。

3 メモ帳で貼り付けたい位置をクリックしてカーソルを表示し、

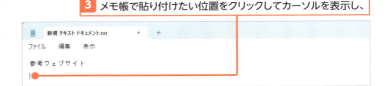

4 ⊞ + V キーを押すと、「クリップボード」画面が表示されます。

5 貼り付けたいデータをクリックすると、

6 データが貼り付けられます。

Section 89 セキュリティを向上させる

ここで学ぶのは
- Windows Hello
- PIN の強化
- 指紋認識の設定

Windows 11には第三者のサインインを防ぐ、**Windows Hello（ウィンドウズハロー）**という機能が搭載されています。標準の**PIN**もWindows Helloの1つで、設定を強化することもできます。また、パソコンにWindows Helloに対応したカメラや指紋センサーがある場合は、顔認識や指紋認識も使えます。

1 「アカウント」画面を表示する

Memo　Windows 11 の サインイン方法

Windows 11では、次の機能を使って本人確認ができます。

● **顔認識**
ユーザーの顔の特徴で認証します。ただのWebカメラではなく、Windows Hello 対応カメラが必要です。

● **指紋認識**
ユーザーの指紋を登録して認証します。指紋センサーが必要です。

● **PIN**
4桁の暗証番号を登録します。推奨のサインイン方法となっています。

● **セキュリティキー**
セキュリティキーと呼ばれる機器を別途用意し、所有しているかどうかで本人確認します。

● **パスワード**
パソコンにサインインするためのパスワードを作成します。

● **ピクチャパスワード**
画像に対して行う動作をパスワードとして設定します。

1 「設定」アプリを起動し、　　**2** [アカウント] をクリックします。

3 「アカウント」画面が表示されます。

2 PINを強化する

Key word　PIN

PINは「Personal Identification Number」の略で、Windows 11ではパスワードではなく、4桁のPINによるサインインが推奨設定とされています。パスワードが万が一漏えいしてしまうと、他のパソコンからそのパスワードを悪用される可能性があります。しかしPINはパソコンごとに設定するため、万が一漏えいしたとしても、他のパソコンでは使えません。Microsoftアカウントにアクセスすることもできません。パスワードを入力するよりも簡単ながら、セキュリティ性が高いとされています。

Memo　PINを強化する

初期設定ではPINは4桁の番号です。不安を感じる場合は、桁数を増やし、アルファベットや記号と組み合わせることができます。このとき、新しいPINは4文字以上、127文字以下である必要があります。また、「1111」や「1234」などの単純な組み合わせは設定できません。

Hint　パスワードでのサインインを禁止する

PINを忘れたときでも、Microsoftアカウントのパスワードでサインインが可能ですが（43ページ参照）、それではPINを強化する意味が半減します。手順2の「サインインオプション」画面で［セキュリティ向上のため、このデバイスではMicrosoftアカウント用にWindows Helloサインインのみを許可する］をオンにすると、パスワードでのサインインを禁止できます。

1 ［サインインオプション］をクリックし、

2 ［PIN（Windows Hello）］をクリックして、

3 ［PINの変更］をクリックします。

4 ［英字と記号を含める］をクリックしてチェックを付け、

5 現在のPINを入力し、

6 新しいPINを2回入力します。

7 ［OK］をクリックすると、新しいPINが設定されます。

3 指紋認識を設定する

解説 指紋認識

「指紋認識」は、パソコンにユーザーの指紋を学習させ、指紋センサーにタッチするだけでサインインできるようにします。複数の指を登録することも可能です。パソコンに指紋センサーが搭載されている場合のみ利用できる機能です。

使えるプロ技！ 再起動時にアプリを自動起動する

パソコンを再起動するとアプリがすべて終了するため、前の作業状態を再現するのが面倒です。「サインインオプション」画面の[追加の設定]の中にある[再起動可能なアプリを自動的に保存し、再度サインインしたときに再起動する]をオンにしてみましょう。再起動時に開いていたアプリが自動起動されるようになります。ただし、自動起動できないアプリもあるようです。

1 「サインインオプション」画面を表示し、

2 [指紋認識(Windows Hello)]をクリックして、

3 [セットアップ]をクリックします。

4 [開始する]をクリックします。

5 PINを入力します。

Memo 指紋認識を解除する

指紋を学習させると、「サインインオプション」画面の[指紋認識(Windows Hello)]に[削除]ボタンなどが表示されます。指紋認識ではなくPINなどでサインインしたい場合は、[削除]をクリックします。

Memo 顔認識

パソコンに赤外線センサーを備えたWindows Hello対応カメラがあれば、顔認識も利用できます。「サインインオプション」画面の[顔認識(Windows Hello)]をクリックし、[セットアップ]をクリックして顔を学習させます。

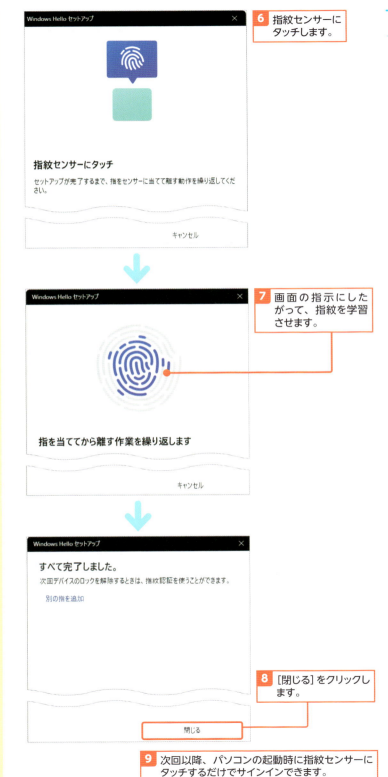

6 指紋センサーにタッチします。

7 画面の指示にしたがって、指紋を学習させます。

8 [閉じる]をクリックします。

9 次回以降、パソコンの起動時に指紋センサーにタッチするだけでサインインできます。

Section 90 アプリの画面を画像で保存する

ここで学ぶのは
- Snipping Tool
- スクリーンショットの撮影
- スクリーンショットの保存

パソコンやスマートフォンの画面を撮影したものを「スクリーンショット」といいます。Windows 11では、キー操作でスクリーンショットを撮影できるので、「Webブラウザーで表示した地図の画像を保存する」「パソコンのファイルの場所を画像として保存しておく」といった、画像メモ的な使い方ができます。

1 Snipping Tool を起動する

Key word　Snipping Tool

Snipping Tool（スニッピングツール）は、Windows 11に付属する画面撮影アプリです。■+Shift+Sキーを押すと、Snipping Toolが起動し、画面が暗くなって撮影モードに切り替わります。[スタート]メニューから[Snipping Tool]をクリックして起動することもできます。なお、撮影したスクリーンショットはクリップボードに記憶されるため、ファイルを保存しなくてもExcelやWordなど他のアプリに貼り付けられます。

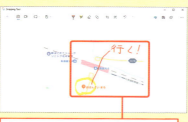

Snipping Toolでは、ボールペンや蛍光ペンのツールを使って書き込むこともできます。

ショートカットキー

● スクリーンショットを撮影する
　■+Shift+Sキー

Webブラウザー（ここではEdge）で地図を表示しています。

1 ■+Shift+Sキーを押すと、

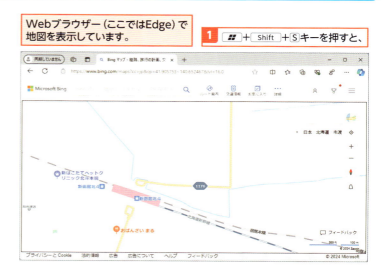

2 画面が撮影モードに切り替わります。

3 [四角形モード]が選択されていることを確認します。

2 スクリーンショットを保存する

解説 スクリーンショットを保存する

Snipping Toolはスクリーンショットをクリップボードに記憶するだけで、ファイルを保存してくれません。撮影後の通知をクリックするとSnipping Toolが起動するので、保存する操作を行います。初期設定では、スクリーンショットはPNG（ピング）形式の画像として保存されます。PNG形式は、パソコンやインターネットで表示できる画像形式として広く使われています。

Memo 領域の指定方法

Snipping Toolのツールバーでは、「四角形モード」「フリーフォームモード」「ウィンドウモード」「全画面表示モード」の4つのアイコンがあり、領域の指定方法を選択できます。

Hint すぐにスクリーンショットを撮影する

■ + Print Screen をクリックすると、デスクトップ全体がすぐに撮影され、[ピクチャ]フォルダー内の[スクリーンショット]フォルダーに保存されます。手っ取り早くデスクトップ全体を撮影したい場合に活用しましょう。
なお、ノートパソコンの場合、Print Screen キーが搭載されていないことがあります。機種によりますが、Fn キーと何かのキーの同時押しで代用します。

OneDriveではなくパソコンの[ピクチャ]フォルダーなので注意してください。

前ページから続けて操作します。

1 デスクトップ上をドラッグして指を放すと、枠で囲まれた領域が撮影されます。

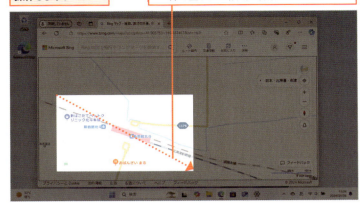

2 撮影されたことが通知されるので、通知をクリックすると、

3 Snipping Toolが起動します。

4 [名前を付けて保存]をクリックし、

5 保存場所や[ファイル名]を指定し、

6 [保存]をクリックします。

Section 91 アプリの画面を動画で撮る

ここで学ぶのは
- Game Bar
- Game Bar の起動
- アプリ画面の録画

「ゲームのプレイを記録したい」「アプリの操作を動画で説明したい」「オンライン会議の様子を録画したい」といったことがあります。Windows 11は、ゲームやワープロソフト、Webブラウザーなどの、アプリの操作を録画し、動画として保存できるので活用しましょう。

1 Game Bar を起動する

Key word　Game Bar

「Game Bar」(ゲームバー)は、操作中のアプリの画面を録画できるアプリです。ゲームをプレイしている様子やアプリの操作を動画で説明したいといった場合に利用します。右の手順のほか、[スタート]メニューから[Game Bar]をクリックして起動することもできます。

ショートカットキー

● アプリの画面を録画する
　⊞ + G

注意　撮影できるのは1つのウィンドウのみ

Game Barはアプリの1つのウィンドウしか撮影できないため、複数のウィンドウをまたがる操作を録画することはできません。

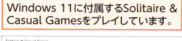
Windows 11に付属するSolitaire & Casual Gamesをプレイしています。

1 ⊞ + G キーを押すと、

2 Game Barが起動します。

2 アプリの画面を録画する

Memo 動画のファイル形式

Game Barで録画された動画は、MP4形式の動画として保存されます。MP4形式は、音声や動画のファイル形式の1つで、パソコンやインターネットで再生できるファイル形式として広く使われています。

Memo 動画を再生する

Game Barで録画した動画のファイルをダブルクリックすると、メディアプレーヤーが起動し、動画が再生されます。

Memo 動画をトリミングする

写真や動画の不要な部分を削除することを「トリミング」といいます。Windows 11に付属するClipchampで、動画のトリミングができます（244ページ参照）。

1 ［録画を開始］をクリックすると、録画が始まります。

2 アプリを操作し、

3 ［録画を停止］をクリックすると、録画が終了します。

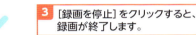

4 録画された動画は、［ビデオ］フォルダー内の［キャプチャ］フォルダーに保存されます。

Section 92 ユーザーを追加してパソコンを使い分ける

ここで学ぶのは
- ユーザーアカウントの追加
- ユーザーアカウントの切り替え
- アカウントの権限変更

1台のパソコンを家族や職場で共有する場合などは、**ユーザーアカウント**を追加しましょう。フォルダーや設定がユーザーごとに分かれるので、各自が好きなように使用しても問題が起こりません。子供向けのユーザーアカウントでは、時間帯や利用できるアプリに制限をかけることもできます。

1 Microsoftアカウントを追加する

> **Memo　パソコンを利用するユーザーを選択する**
>
> パソコンに複数のユーザーアカウントを登録すると、サインイン画面でユーザーを選択できるようになります。ユーザーを選択したあとは、通常どおりPINやパスワードを入力してサインインします。

> **Memo　ユーザーアカウントの種類**
>
> Windows 11のユーザーアカウントには、次の3種類があります。
>
> ● **Microsoftアカウント**
> OneDriveなどのMicrosoftのクラウドサービスと共通のアカウントです。サインインするだけで各種サービスを利用できます。
>
> ● **ローカルアカウント**
> 特定のパソコンのみで利用できるアカウントです。
>
> ● **家族アカウント**
> 子供を対象としたアカウントで、パソコンの使用時間や実行可能なアプリを制限できます。

1 [スタート] メニューから [設定] アプリを起動します。

2 [アカウント] をクリックして、

3 [他のユーザー] をクリックします。

Memo ユーザーごとにフォルダーが作られる

ユーザーアカウントを作成すると、ユーザーごとに[ドキュメント]などの特殊フォルダー(111ページ参照)が作成されます。それらのフォルダーは他のユーザーから保護されますが、管理者権限(291ページ参照)があれば開くことは可能です。

Hint Microsoftアカウントを作成できる

追加するユーザーのMicrosoftアカウントがない場合は、手順5の画面で[このユーザーのサインイン情報がありません]をクリックすると、新たにMicrosoftアカウントを作成できます。なお、ローカルアカウントを作成する場合もここをクリックします(291ページ参照)。

Hint 追加したアカウントを削除する

追加したアカウントを削除するには、「その他のユーザー」画面で目的のアカウントをクリックし、[アカウントとデータ]にある[削除]をクリックします。

4 [その他のユーザーを追加する]にある[アカウントの追加]をクリックします。

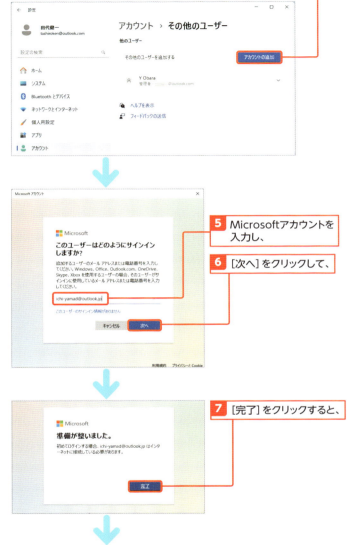

5 Microsoftアカウントを入力し、

6 [次へ]をクリックして、

7 [完了]をクリックすると、

8 Microsoftアカウントが追加されます。

2 他のユーザーアカウントに切り替える

解説　サインアウト

パソコンを終了せずに、そのユーザーアカウントでの利用だけを終わらせたい場合はサインアウトします。

Hint　子供のパソコンの利用を管理する

子供のアカウントを追加して、Family Safety（ファミリーセーフティ）という機能でパソコンの利用を管理することができます。Family Safetyの設定を行うには、「アカウント」画面の［家族］をクリックし、［メンバーを追加］をクリックして、メンバーを追加します。続いてブラウザーから「family.microsoft.com」にアクセスし、専用のWebページを表示します。ここで子供のアカウントの招待などを行うと、子供のアカウントを管理できるようになります。詳細は割愛しますが、「パソコンの使用時間を確認する」「不適切なWebページへのアクセスをブロックする」「利用状況を確認する」といった保護が可能です。

1 ［スタート］ボタンをクリックして、
2 アカウント名をクリックします。
3 ［その他のオプション］をクリックして、
4 ［サインアウト］をクリックします。

5 ロック画面が表示されるので、画面をクリックします。

6 ユーザーを選択して、サインインします。

初めてサインインすると、Windows11の初期設定が実行されます。

次回サインインするときは、すぐにパスワードやPINの入力欄が表示されます。

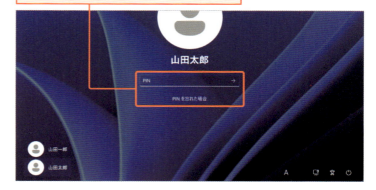

3 アカウントの権限を変更する

Memo ユーザーの権限によってできることが異なる

ユーザーアカウントは、パソコンに対して実行できる操作によって「管理者」と「標準ユーザー」の2種類に区別されます。

● **管理者**
アプリのインストールや、ユーザーアカウントの追加と削除など、パソコンのすべての機能を使用できます。

● **標準ユーザー**
一般的なアプリの操作のみに限定されます。Microsoft Storeからのアプリのインストールは行えますが、それ以外のアプリはインストール時に管理者のパスワードが求められます。また、ユーザーアカウントの設定などはできません。

1 「その他のユーザー」画面を表示して、ユーザーをクリックし、

2 [アカウントの種類の変更]をクリックして、

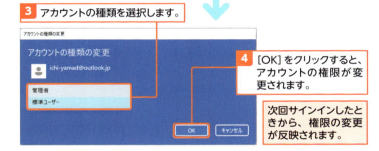

3 アカウントの種類を選択します。

4 [OK]をクリックすると、アカウントの権限が変更されます。

次回サインインしたときから、権限の変更が反映されます。

使えるプロ技！ ローカルアカウントを作成するには

ローカルアカウントは、そのパソコンの中だけで通用するアカウントです。Microsoftアカウントと連携した機能は利用できなくなりますが、それ以外は同じように操作できます。とはいえ何が使えるのかの判断が難しいので、どちらかといえば中級者以上の選択肢といえそうです。また、企業によっては非推奨としていることもあります。ローカルアカウントを作成するには、289ページのアカウントを追加する手順の途中でメールアドレスを入力せず、[このユーザーのサインイン情報がありません]をクリックします。

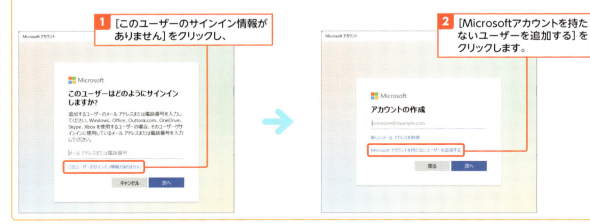

1 [このユーザーのサインイン情報がありません]をクリックし、

2 [Microsoftアカウントを持たないユーザーを追加する]をクリックします。

Section 93

Windowsをアップデートする

ここで学ぶのは
- Windows Update
- 更新状況の確認
- 更新プログラムのチェック

マイクロソフトは、Windowsの不具合の修正や新しい機能の追加、セキュリティ対策などを常に行っています。更新プログラムはWindows Updateによって自動的にダウンロードされ、パソコンにインストールされます。ここではWindows Updateの状態を確認する方法を説明します。

1 Windows Updateの更新状況を確認する

Key word　Windows Update

Windows Update（ウィンドウズアップデート）は、不具合の修正や新しい機能の追加などを行うための機能です。更新プログラムが公開された場合、プログラムは自動的にダウンロードされ、パソコンにインストールされます。更新によっては再起動が求められます。

Memo　Windows 11のバージョンを確認する

Windows 11のバージョンを確認するには、「設定」アプリを起動し、［システム］→［バージョン情報］をクリックします。

1 ［スタート］メニューから「設定」アプリを起動します。

2 ［Windows Update］をクリックすると、

3 更新状況を確認できます。

このように表示されていれば、最新の状態です。

2 Windows Update を手動で確認する

Hint 再起動してもよい時間を設定する

普段パソコンを使っている時間に再起動を求められると、作業が中断してしまいます。「アクティブ時間」を設定しておくことで、その期間は再起動されないようになります。アクティブ時間は、通常はパソコンの利用状況に合わせて自動的に調整されますが、手動で設定することもできます。「Windows Update」画面で［詳細オプション］をクリックし、下図のように操作します。

1 ［アクティブ時間］をクリックし、

2 ［アクティブ時間を調整する］で［手動］を選択して、

3 アクティブ時間を指定します。

Memo 手動でダウンロードとインストールが必要な更新もある

右の手順でセキュリティ対応の更新プログラムは自動でインストールされますが、新機能の追加だけの更新プログラムの場合は、［ダウンロードとインストール］のリンクボタンが表示されることがあります。新機能が安定すれば自動更新になるので、それまでインストールしなくても問題ありません。

1 ［更新プログラムのチェック］をクリックすると、更新プログラムの有無がチェックされます。

2 更新プログラムが見つかった場合、自動的にダウンロードとインストールが行われます。

3 再起動が必要な場合、アクティブ時間外に自動的に再起動します。

［今すぐ再起動する］をクリックして、すぐに再起動することもできます。

困ったときのQ&A

ここではWindows 11を使っていて、よく起こりがちなトラブルとその解決方法をQ&A形式で紹介します。タスクマネージャーなどのトラブルシューティングに役立つツールの起動方法も解説しているので、時間があるときに目を通してください。

Q1 ストレージの空きが少なくなってきたら

A 自動的に空き容量を増やす機能を活用しましょう。

パソコンの内蔵ストレージ（ハードディスクやSSD）の空き容量には普段から気を配りましょう。パソコンを日常的に使用していると、どんどん内蔵ストレージにデータが蓄積され、いつの間にか空き容量が少なくなってしまいます。こうなるとそれ以上データを保存できなくなるだけでなく、パソコンの動作が不安定になったり、Windows Updateが実行できなくなったりといったトラブルが発生します。とはいえ、不要なデータをこまめに［ごみ箱］に入れ、定期的に空にするのは面倒なうえ、ついつい忘れてしまいがちです。その場合は、不要なデータを自動的に削除し、空き容量を増やしてくれる機能である「ストレージセンサー」を活用しましょう。
ストレージセンサーを有効にすると、［ごみ箱］に入れてから一定期間が経過したデータが自動的に削除されるようになります。また、パソコンやアプリの使用で蓄積される一時的なファイルや、使われていない［ダウンロード］フォルダー内のファイルなど、ユーザーが気付きにくいデータも自動削除してくれます。初期設定では、内蔵ストレージの空き容量が少なくなったタイミングで、ストレージセンサーが実行されます。

付録
Q&A

294

Q2
パソコンの動作が異様に遅くなったときは

A タスクマネージャーで状況を確認しましょう。

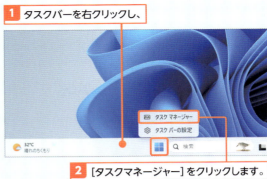

1 タスクバーを右クリックし、

2 [タスクマネージャー] をクリックします。

パソコンの動作が遅くなったり、不安定になったりする要因としては、内蔵ストレージの空き容量不足の他に、内蔵メモリの空きが不足していることも考えられます。メモリは、パソコンが動作する際に発生する一時的なファイルを高速に読み書きするための特別な記憶領域で、搭載メモリの量が多いほどパソコンは快適に動作します。しかし、特定のアプリが何らかの理由でこのメモリを大量に使用してしまうと、メモリを確保／解放するための処理が増え、結果としてパソコンの動作が遅く、不安定になります。

メモリの使用状況は、「タスクマネージャー」で確認できます。タスクマネージャーの [プロセス] 画面では、動作中のアプリやプログラムが一覧表示され、それぞれがどれだけメモリを使用しているかがひと目でわかります。メモリの使用量はアプリの動作状況によって変化しますが、いつまでも使用量が減らない場合は、消費が多いアプリを終了してメモリを解放しましょう。ただし、パソコンやアプリを動かすために必要なプログラムもあるため、よくわからないプログラムはむやみに終了させないように気を付けましょう。メモリが常に逼迫している場合は、内蔵メモリの増設も検討してみてください。

タスクマネージャーはメモリの空きの確認だけでなく、**障害でフリーズしたアプリを終了するためにも使用できます**。強制終了するには [プロセス] 画面でアプリを選択し、画面上部にある [タスクを終了する] をクリックします。これもよくあるトラブルシューティングなので、覚えておいてください。

タスクマネージャーは [Ctrl] + [Alt] + [Delete] キーを押して、[タスクマネージャー] を選択しても起動できます。

[プロセス] をクリックすると、動作中のアプリごとに、CPUやメモリの使用状況を確認できます。

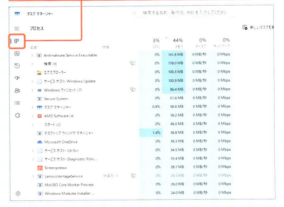

[パフォーマンス] をクリックすると、CPUやメモリなどの使用状況がグラフで表示されます。

付録 Q&A

Q3 インターネットにつながらない

A 問題点を切り分け、個別に対応しましょう。

ネットワークに関連するトラブルの代表例が、インターネットに接続できない、WebページやWebアプリが表示できないというものです。こうしたトラブルに遭遇した場合、まず行うべきは問題点の切り分けです。インターネットにつながらないのが、同じネットワーク内のすべての機器なのか、パソコンだけなのかで、原因もその対処方法も異なるためです。一般的なインターネット接続は下の図のようになっているはずです。図の吹き出しの部分が、障害の原因となりうる部分を表しています。1つずつ説明していきましょう。

❶アプリの障害
特定のアプリだけ問題が起きる場合、例えばメールアプリは使えるのに、Edgeは使えない場合などは、そのアプリに原因がありそうです。アプリ名でネット検索してサポート情報を探す、再起動する、アプリをアップデートするなどの対処をしてみましょう。

❷Wi-Fiの障害
スマートフォンがWi-Fiにはつながらず4G/5G接続ではつながるなら、ルーターのWi-Fiもしくはルーターそのものに障害がありそうです。スマートフォンがWi-Fiで通信できるようなら、パソコンのWi-Fi設定に問題があると絞り込めます。

❸ルーターの障害
パソコンもスマートフォンもWi-Fiで通信できない場合は、ルーターに何らかの障害が起きている可能性があります。最近はプロバイダーの接続方式が従来のPPPoEから、設定がほとんどないIPoEへと移行が進んでおり、ルーター・プロバイダー間の障害は考えにくくなっています。ルーターのWi-Fi設定を確認したり、再起動したりしてみましょう。
ルーターの電源を入れ忘れている、光ケーブルが抜けているといった基本的なミスもよくあることなので、念のため確認してみてください。

❹プロバイダー内の障害
プロバイダーに障害が発生してインターネットにつながらなくなることもあります。❷～❸の場合と同様に、スマートフォンがWi-Fiでのみつながらないなら、その可能性があります。原因が外部にあるので探しにくくはありますが、スマートフォンを4G/5G接続してプロバイダーのWebサイトを見るか、SNSでプロバイダー名を検索してみると、障害情報が見つかることがあります。

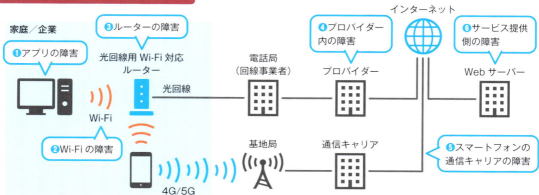

❺ **スマートフォンの通信キャリアの障害**
❷～❹と逆で、Wi-Fiならインターネットに接続できるのに、4G/5Gだと接続できない場合は、スマートフォンの通信キャリアに障害が発生している可能性があります。最近はあまり聞かなくなりましたが、かつては「あけおめ」メッセージで通信障害が起こることもありました。

❻ **サービス提供側の障害**
特定のWebページ、Webアプリだけ利用できない場合は、サービス提供側に障害が発生していることがあります。最近ではアマゾンやグーグルのネットワークに障害が発生した結果、それを利用している多くのサービスで障害が起きたことがありました。SNSでサービス名を検索すると、問題発生が確認できることがあります。

● **Windows 11のツールを使う**
原因がどうしてもわからない場合は、トラブルシューティングツールを利用してみましょう。パソコンの設定、接続しているネットワーク環境全般を調査し、問題がある場合はそれを指摘し、可能であれば自動修復してくれます。パソコンの設定の不備が原因であれば解決できることがあります。

Edgeからツールを起動する

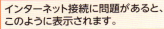
インターネット接続に問題があると、このように表示されます。

1 [トラブルシューティング] をクリックすると、ツールが起動します。

「設定」アプリからツールを起動する

1 [ネットワークとインターネット] をクリックします。

2 [ヘルプを表示] をクリックするとツールが起動します。

クイック設定のアイコンからツールを起動する

1 クイック設定のネットワークアイコンを右クリックして、

2 [ネットワークの問題を診断する] をクリックします。

トラブルシューティングツールが起動します。

3 問題解決のための提案が表示され、提案によってはここから実行できます。

Q4
バッテリーを長持ちさせたい

A バッテリー節約機能を有効にしましょう。

ACアダプターやモバイルバッテリーなどの外部電源が使えない外出先で、ノートパソコンを使って長時間作業する際には、少しでもノートパソコンの内蔵バッテリーを長持ちさせたいものです。こうしたニーズに応えるのが、**バッテリー節約機能**です。

この機能が有効になると、アプリやシステムからの通知や、バックグラウンドで動作するプログラムが必要最小限になり、ディスプレイの明るさが下がるため、バッテリーの消費が抑えられます。初期設定では、バッテリーの残量が20％以下になると省エネ機能が自動的に有効になります。なお、省エネ機能はタスクバーのクイック設定（54ページ参照）で有効／無効を切り替えることもできます。

他にも、バッテリー消費の多いアプリをなるべく使わないようにすることで、バッテリーを長持ちさせることができます。バッテリー消費の多いアプリを確認するには、「電源とバッテリー」画面で[バッテリーの使用状況]のメニューをクリックして展開します。

1 「設定」アプリを起動して、

2 [システム]をクリックし、

3 [電源とバッテリー]をクリックします。

4 [バッテリーの使用状況]を展開します。

指定期間のバッテリーの使用状況のグラフやアプリごとのバッテリー使用量を確認できます。

5 [省エネ機能]を展開します。

省エネ機能のオン／オフ切り替えや、自動的にオンになるバッテリー残量などを指定できます。

6 [電源モード]を展開します。

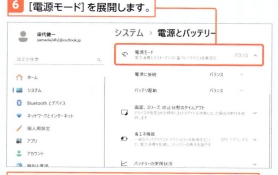

電源アダプタ接続時、バッテリー動作時、それぞれに電力消費設定を適用できます。

画面がまぶしい、暗い

A ディスプレイを好みの明るさに調整しましょう。

パソコンのディスプレイが高精細、高彩度、高輝度になり、写真や動画はもちろん、さまざまなコンテンツを美しく表示できるようになった一方で、特に長時間作業をしていると、ディスプレイがまぶしすぎると感じることも増えてきました。また、パソコンをバッテリーで駆動している際に自動調整される輝度では暗すぎて見づらいという場合もあります。パソコンのディスプレイはテレビと同様に、**ユーザーがその輝度（明るさ）を調整できるようになっている**ので、調整方法を覚えておきましょう。特にディスプレイが一体化されたノートパソコンでは、ほとんどの機種でキーボードのファンクションキーから輝度を調整できるようになっています。

また、目に大きな負担をかけるといわれているブルーライトを抑える効果がある**「夜間モード」**も用意されています。夜間モードを有効にすると、画面全体が暖色系のやや黄色みがかった色に変化するので、長時間の作業で目に疲れを感じたときに試してみましょう。

タスクバーのクイック設定から調整する

タスクバーの[クイック設定]で輝度のスライダーを左右にドラッグして、ディスプレイの明るさを調整できます。

「設定」アプリで輝度を調整する

1 [システム]→[ディスプレイ]をクリックし、

2 [明るさ]のスライダーを左右にドラッグします。

夜間モードをオンにする

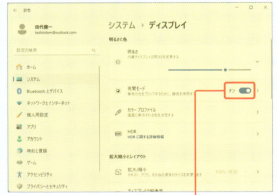

1 [夜間モード]をオンにすると、画面全体が暖色系になります。

2 [夜間モード]をクリックし、「夜間モード」画面で[夜間モードのスケジュール]をオンにすると、夜間モードを有効にする時間を設定できます。

Q6

通知が多すぎて気が散る

A 応答不可モードを有効にして通知の数を抑えましょう。

新着メールの受信、ビデオ会議の招待、セキュリティに関する警告など、パソコンを使っていると、さまざまな通知が届きます。通知が届くとサウンドとともに画面上にポップアップでその内容が表示されるため、パソコンの作業中に集中力が削がれてしまうことがあります。通知にわずらわされずに作業に集中したい場合は、「応答不可モード」を有効にしましょう。

応答不可モードの有効／無効は、通知センターから切り替えることができます。有効中は、許可されているアプリ以外は通知されません。通知を許可するアプリを設定したり、特定の時間帯に自動的に応答不可モードにしたりすることもできます。

その他、フォーカスセッションを利用することも可能です。5～240分の作業時間を設定すると、カウントダウンが始まり、その間は集中できるよう通知が抑制されます。

応答不可モードを有効にする

1 通知センターをクリックし、

2 [応答不可：オフ]をクリックします。

3 応答不可モードが有効になります。

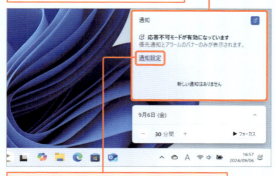

応答不可モードに自動的に切り替わる時間帯や通知を許可するアプリなどを設定できます。

フォーカスセッションを開始する

1 通知センターをクリックし、

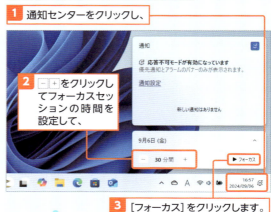

2 ー＋をクリックしてフォーカスセッションの時間を設定して、

3 [フォーカス]をクリックします。

4 作業時間のカウントダウンが開始されます。

ここをクリックして画面表示を切り替えられます。

5 設定した時間が経過したら、終了が通知されます。

Q7 ファイルとアプリの関連付けを変更したい

A 「設定」アプリなどで変更できます。

パソコンでは、ファイルをダブルクリックすると対応するアプリ（プログラム）が起動し、閲覧や編集ができます。このようなファイルとアプリの関係のことを**「関連付け」**といい、標準で使用されるアプリを**「既定のアプリ」**と呼びます。

初期設定では、テキストファイルなら「メモ帳」アプリ、PDFファイルはWebブラウザーのEdgeといったように関連付けられており、新たなアプリをインストールすることで変わっていきます。ファイルをダブルクリックしたときに意図したアプリで開かれない場合は、ここで説明する方法で関連付けを変更しましょう。

「設定」アプリの［アプリ］からでも既定のアプリの設定ができますが、右の手順のように、右クリックから設定変更したほうが簡単です。

「設定」アプリでも既定のアプリを変更できますが、作業が複雑です。

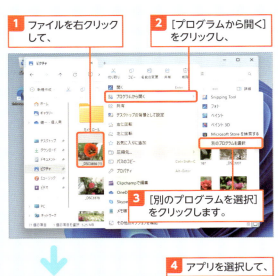

1 ファイルを右クリックして、
2 ［プログラムから開く］をクリックし、
3 ［別のプログラムを選択］をクリックします。

4 アプリを選択して、
5 ［常に使う］をクリックします。

6 そのアプリで開かれます。

今後はダブルクリックしただけでそのアプリで開かれるようになります。

Q8
サインインの パスワードを忘れた

A パスワードをリセットして、新たなパスワードを設定します。

Microsoftアカウントのパスワードは、間違って入力したり、忘れたりしてしまうと、パソコンが使えなくなるばかりではなく、OneDriveやOutlook.comのメールサービスなども利用できなくなってしまいます。万が一、Microsoftアカウントのパスワードを忘れてしまった場合は、下図のように操作して**パスワードをリセット**し、新たなパスワードを**再設定**しましょう。

ここではOneDriveのサインイン画面でMicrosoftアカウントを入力し、[次へ]をクリックした状態から説明します。

1 [パスワードを忘れた場合]をクリックします。

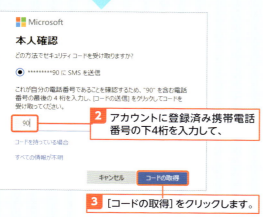

2 アカウントに登録済み携帯電話番号の下4桁を入力して、

3 [コードの取得]をクリックします。

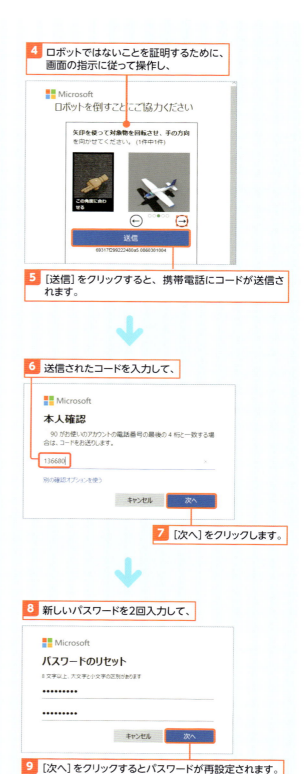

4 ロボットではないことを証明するために、画面の指示に従って操作し、

5 [送信]をクリックすると、携帯電話にコードが送信されます。

6 送信されたコードを入力して、

7 [次へ]をクリックします。

8 新しいパスワードを2回入力して、

9 [次へ]をクリックするとパスワードが再設定されます。

Q9 キーボードがおかしくなった

A キーのロック状態や、キーボードレイアウトを確認しましょう。

キーボードのキーを押したときに意図と違う文字や記号が入力される場合、まず考えられるのはキーボードが**ロック状態**になっていることです。キーボードには Caps Lock キーや Num Lock キーなどがあり、それを押すと英字入力が大文字固定になったり、キーボードの一部がテンキーの代わりになったりします。**スクリーンキーボード**を表示してロック状態を確認してみましょう。ロック状態の場合は、Shift + Caps Lock キーや Num Lock キー（キーボードによっては Fn + Num Lock キー）を押して解除できます。

ロックされていないのに、意図どおりの文字が入力できない場合は、キーボードレイアウト（配列）が間違っている可能性があります。日本語キーボードなのに英語キーボードと認識されるのはよくあるトラブルです。「設定」アプリの［言語と地域］で設定を変更しましょう。

> スクリーンキーボードは［スタート］メニューで［すべてのアプリ］→［アクセシビリティ］→［スクリーンキーボード］をクリックすると起動できます。

> Num Lock キーを表示するには、［オプション］キーをクリックし、［テンキーを有効にする］のチェックボックスをクリックしてオンにしたあと、［OK］をクリックします。

キーボードレイアウトを設定する

1 「設定」アプリの［時刻と言語］→［言語と地域］をクリックします。

2 ［日本語］の をクリックして、

3 ［言語のオプション］をクリックします。

4 ［キーボードレイアウト］の［レイアウトを変更する］をクリックし、

5 適切なキーボードレイアウトを選択して、

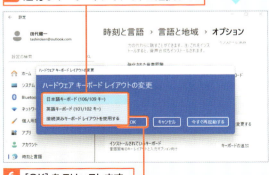

6 ［OK］をクリックします。

Q 10
コントロールパネルを表示したい

A [スタート]メニューなどから表示できます。

Windows 11の設定は、旧来の**コントロールパネル**から、**「設定」アプリ**への移行が進められています。しかし、現在でも一部の設定がコントロールパネルでしか行えません。コントロールパネルを表示するには、[スタート]メニューなどで検索する必要があります。

コントロールパネルを頻繁に利用するようなら、デスクトップにコントロールパネルのアイコンを表示することもできます。「設定」アプリの[個人用設定]→[テーマ]からデスクトップアイコンの設定を行います。

[スタート]メニューから表示する

1 [スタート]メニューを表示して「コントロール」と入力し、

2 表示された[コントロールパネル]をクリックします。

デスクトップにコントロールパネルのアイコンを追加する

1 [設定]アプリで[個人用設定]→[テーマ]をクリックし、

2 [デスクトップアイコンの設定]をクリックします。

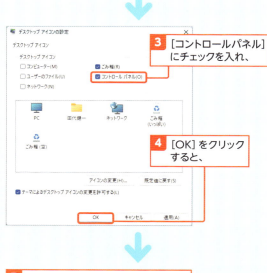

3 [コントロールパネル]にチェックを入れ、

4 [OK]をクリックすると、

5 デスクトップにコントロールパネルのアイコンが追加されます。

Q 11
以前ダウンロードしたフリーソフトが見つからない

A アプリ検索を利用してみましょう。

アプリをインストールすると一般的には[スタート]メニューに登録されますが、されないものもあります。例えばフリーソフトの中には、ZIPファイルを展開してダブルクリックするだけですぐに実行できるものがあります。このようなアプリは[スタート]メニューに登録されません。

アプリの保存場所を忘れてしまった場合は、名前の一部を覚えていれば[スタート]メニューで検索して実行することができます。また、[ファイルの場所を開く]をクリックすると、エクスプローラーが起動し、ファイルのあるフォルダーが表示されます。表示されているファイルを右クリックして[スタート]メニューにピン留めすることができます。

[スタート]メニューで検索

1 [スタート]メニューの検索ボックスをクリックします。

2 アプリ名の一部を入力して検索します。

3 見つかったファイルの[ファイルの場所を開く]をクリックします。

4 検索されたファイルが表示されます。

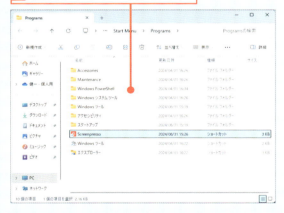

5 ファイルを右クリックすると、ピン留めなどの操作を行えます。

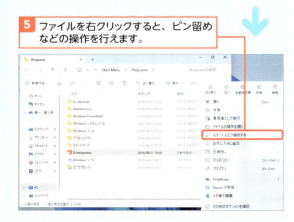

Q12
Webブラウザーの履歴を消したい

A 履歴を消す方法と履歴を残さない方法を覚えましょう。

標準のEdgeをはじめとするすべてのWebブラウザーには、**Webページを閲覧した履歴**が一定期間、自動的に保存されます。これは、あとから閲覧済みのWebページを再表示するために必要な機能ですが、他の人にパソコンの画面を見せたり、共同で利用したりする場合に、他の人に自分の閲覧履歴を見られてしまう可能性があります。こうした場合に閲覧履歴を見られないようにするには、Webページを見終わったあと、**閲覧履歴を消去する**ことを習慣づけておくことをおすすめします。

またWebブラウザーには、閲覧履歴を残さないようにする機能も搭載されています。Edgeでは**「InPrivateウィンドウ」**を表示し、そのウィンドウ内でWebページを閲覧すると、ウィンドウを閉じるときに履歴が破棄されます。

閲覧履歴を消去する

1 Edgeの画面右上の [設定など] … をクリックして、

2 [履歴] をクリックすると、閲覧履歴が表示されます。

3 [閲覧データを削除する] をクリックします。

4 「閲覧データを削除する」画面で、削除対象の期間などを選択し、[今すぐクリア] をクリックします。

InPrivateウィンドウを表示する

1 Edgeの画面右上の [設定など] … をクリックして、

2 [新しいInPrivateウィンドウ] をクリックすると、

3 InPrivateウィンドウが開きます。

4 あとは通常と同様にWebページを閲覧します。

Q13
共有フォルダーがエクスプローラーに表示されない

A 共有フォルダーのある機器名をアドレスバーに入力します。

NAS（ネットワーク接続ストレージ）をネットワークに接続すると、通常ならエクスプローラーの[ネットワーク]にその機器の共有フォルダーが表示されます。しかしネットワーク環境の何かの影響で、表示されないことも時々あります。その場合は、**アドレスバーに「￥￥（アクセス先の機器名）」と入力して Enter キーを押してみましょう**。うまく行けば、その機器内の共有フォルダーが表示されます。

NASの機種によっては専用の設定ツールが用意されています（アイ・オー・データ機器製品のLAN DISK CONNECTやバッファロー製品のNAS Navigator2など）。そちらも実行してみてください。

1 エクスプローラーを起動し、

2 アドレスバーに「￥￥（機器名）」を入力してEnterキーを押します。

[スタート]メニューの検索ボックスに「￥￥（機器名）」を入力してもかまいません。

3 デバイスの共有フォルダーが表示されます。

Q14
ZIPファイルを開いたら文字化けしていた

A 文字化けを回避できるアプリを使いましょう。

ZIPファイル（124ページ参照）は外部とファイルをやりとりする際によく使われますが、受け取ったファイルをWindows標準の機能で展開したときに、日本語のファイル名が文字化けしていることがあります。これはWindows標準のZIP展開機能が「ファイル名の文字コード」を判別しないことが原因で、MacなどWindows以外の環境で作成されたZIPファイルを展開する際に発生します。

文字化けが起きた場合は、Microsoft StoreやWebサイトなどで公開されている、圧縮ファイル展開アプリを利用してみましょう。「ZIP」などのキーワードで検索すると、対応アプリがいくつか表示されます。

標準機能でZIPファイルを展開すると、日本語ファイル名が文字化けすることがあります。

Microsoft Storeなどで圧縮ファイルの展開アプリを探します。

Q 15
パソコンを初期状態に戻したい

A 「設定」アプリから [PCをリセット] を実行します。

使ってきたパソコンを他の人にゆずったり、買い取りに出したりする場合は、パソコンを初期状態に戻します。この場合の初期状態とは、パソコンを使い始めてから内蔵ストレージに保存したデータ、追加したアプリ、周辺機器の設定などを消去し、Windowsそのものに加えた変更などもすべてリセットした、パソコンの購入直後に近い状態のことです。初期状態に戻さないまま、パソコンを受け渡すと、個人情報の漏えいなどのトラブルにつながりかねないため、必ず実行しておきましょう。

パソコンを初期状態に戻すには、右図の手順のように「設定」アプリから [PCをリセットする] を実行します。[PCをリセットする] では、Windows 11をインストールし直すことでパソコンを初期状態に戻しますが、その際にユーザーが内蔵ストレージに保存したデータを残すか、すべて消去するかを選択できます。前者はシステムのトラブルがどうしても解決できない場合の最終手段として、後者はパソコンを譲渡するような場合に選択します。

また、[PCをリセットする]のオプションで、[すべて削除する] を選択した場合、操作の途中（手順❻の画面）でデータのクリーニングを実行するように設定できます。クリーニングを実行するとデータは完全に復元できなくなり、安全性は高まりますが、完了するまでの時間が長くなります。

なお [PCをリセットする] は、時間がかかるだけでなく、実行したら元に戻せません。リセットの目的が不具合の解消であれば、事前にトラブルシューティングツールの実行をおすすめします。

[PCをリセット]を実行する

1 「設定」アプリで [システム] をクリックして、

2 [回復] をクリックします。

3 [回復オプション] の [PCをリセットする] をクリックします。

4 いずれかのオプションをクリックします。

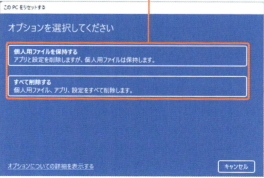

Q16
OneDriveの設定を変えたらファイルが消えた？

A 特殊フォルダーの場所が変わっている可能性があります。

OneDriveへのバックアップを有効の状態では、[ドキュメント]や[デスクトップ]などの特殊フォルダーが[OneDrive]フォルダーの下に作られます。その後、バックアップを停止すると（199ページ参照）、[OneDrive]フォルダー下の特殊フォルダーは残りますが、新たに[OneDrive]フォルダー外にも特殊フォルダーが作られ、今後はそちらがメインとなります。

このあたりの挙動がわかりづらく、ファイルがなくなったと誤解されることがあります。[OneDrive]フォルダー内には以前のファイルが残っているので、そちらも確認してください。

OneDriveへのバックアップを有効にした場合

1 ユーザーごとのフォルダーの中の[OneDrive]フォルダーを開くと、

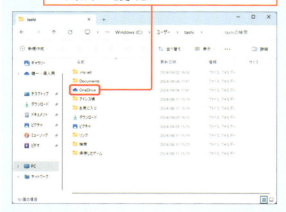

2 [OneDrive]フォルダー内に特殊フォルダーがあります。

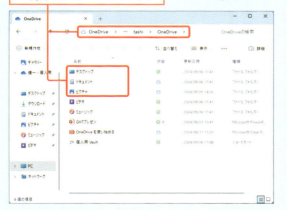

その後、OneDriveへのバックアップを停止した場合

1 [OneDrive]フォルダーの外にも特殊フォルダーが作られ、

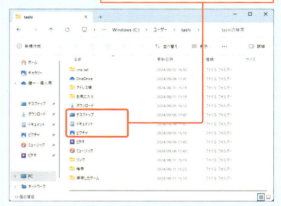

2 [OneDrive]フォルダー内の特殊フォルダーへのリンク（ショートカット）が作られます。

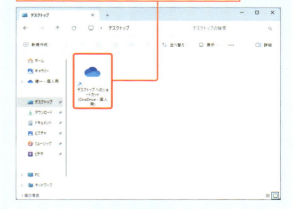

Q 17
周辺機器を挿したのに動かない

A デバイスマネージャーで接続状況を確認して対応します。

プリンターやマウス、ヘッドセットなど、パソコンにはさまざまな周辺機器を接続して使用できます。Windows 11向け周辺機器のほとんどは、パソコンに接続するだけで認識され、動作に必要なデバイスドライバーと呼ばれるプログラムがインストールされて利用可能な状態になります。しかし、初期不良や何らかの設定ミスなどによって、接続してもパソコンやアプリから認識されなかったり、一部の機能が使えなかったりすることがあります。

周辺機器によって問題の解決方法は異なりますが、まずは「デバイスマネージャー」を表示して、状態を確認してみましょう。デバイスマネージャーに機器名が表示されない、あるいは機器名に[×]などのマークが付いている場合は、パソコンに正しく認識されていないことを表しています。デバイスマネージャーで確認しただけではトラブルは解決しませんが、状況の確認に役立つので、表示方法は覚えておくとよいでしょう。

問題が起きているようなら、まずはメーカーのWebページを見て、トラブル情報がないか探してみましょう。また、新品の周辺機器であれば、たいていは初期不良交換や保証期間内の修理ができます。早めに購入店舗やメーカーに問い合わせることをおすすめします。

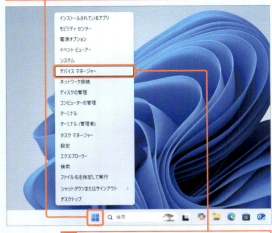

1 [スタート]ボタンを右クリックして、

2 [デバイスマネージャー]をクリックすると、

3 デバイスマネージャーが表示されます。

パソコンの内蔵パーツや周辺機器を一覧で確認できます。

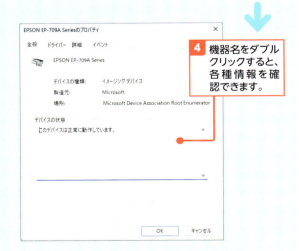

4 機器名をダブルクリックすると、各種情報を確認できます。

付録 Q&A

311

Windows 11へのアップグレード

Windows 10のパソコンは、Windows 11へ無料でアップグレード可能です（2024年10月現在）。ただし、パソコンがWindows 11の要件を満たしている必要があります。詳しい要件は以下のとおりです。

Windows 11に必要なシステム要件

プロセッサ	1GHz（ギガヘルツ）以上で2コア以上の64ビット互換プロセッサまたは System on a Chip（システム・オン・チップ）
メモリ	4GB（ギガバイト）以上
ストレージ	64GB（ギガバイト）以上
システムファームウェア	UEFI、セキュアブート対応
TPM	TPM（トラステッドプラットフォームモジュール）2.0
グラフィックス カード	DirectX 12以上（WDDM 2.0 ドライバー）対応
ディスプレイ	対角サイズ9インチ以上、8ビットカラーの高解像度（720p）

≫ 「PC 正常性チェック」アプリで確認する

使用しているWindows 10のパソコンがシステム要件を満たしているかは、「PC正常性チェック」アプリを使用するとわかります。Windows 11へのアップグレードを行う前に確認しておくとよいでしょう。

```
https://www.microsoft.com/ja-jp/windows/windows-11/#pchealthcheck
```

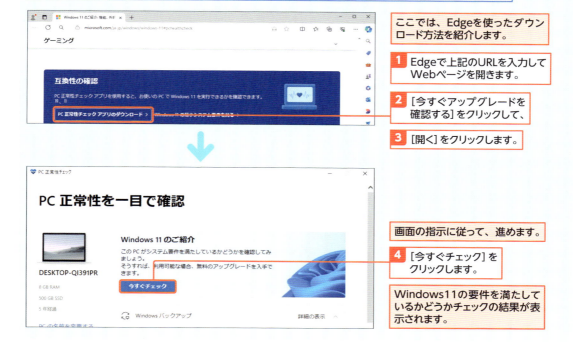

ここでは、Edgeを使ったダウンロード方法を紹介します。

1 Edgeで上記のURLを入力してWebページを開きます。

2 ［今すぐアップグレードを確認する］をクリックして、

3 ［開く］をクリックします。

画面の指示に従って、進めます。

4 ［今すぐチェック］をクリックします。

Windows11の要件を満たしているかどうかチェックの結果が表示されます。

Windows 11 へアップグレードする

パソコンがWindows 11にアップグレードできることを確認したら、アップグレードの準備を進めましょう。アップグレードが完了するまでには時間がかかるため、パソコンを使って作業などをしないときに行うことをおすすめします。ノートパソコンの場合、電源をコンセントにつないでおいてください。

アップグレードするには、Windows Updateから行う方法と、「インストールアシスタント」を使う方法があります。Windows Updateから行う場合は、「設定」画面で［更新とセキュリティ］→［Windows Update］をクリックします。［ダウンロードしてインストール］をクリックし、画面の指示に従って、アップグレードを進めましょう。

インストールアシスタントを使う場合は、次の手順のとおりです。

インストールアシスタントを使ってアップグレードする

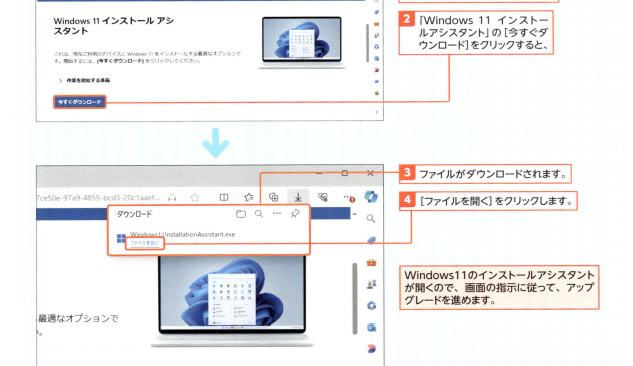

Windows 10からWindows 11にアップグレードしたあと、**10日以内であればWindows10に戻すことができます**。「設定」アプリを起動して［システム］→［回復］をクリックし、［復元］をクリックします。あとは画面の表示に従って手順を進めると、Windows 11がアンインストールされ、Windows 10に復元されます。

ローマ字／かな対応表

あ行

あ	い	う	え	お		あ	い	う	え	お
A	I	U	E	O		LA	LI	LU	LE	LO
	YI	WU				XA	XI	XU	XE	XO
		WHU					LYI		LYE	
							XYI		XYE	

	いぇ		
	YE		

うぁ	うぃ		うぇ	うぉ
WHA	WHI		WHE	WHO
	WI		WE	

か行

か	き	く	け	こ		が	ぎ	ぐ	げ	ご
KA	KI	KU	KE	KO		GA	GI	GU	GE	GO
CA		CU		CO						
		QU								

カ			ケ	
LKA			LKE	
XKA			XKE	

きゃ	きぃ	きゅ	きぇ	きょ		ぎゃ	ぎぃ	ぎゅ	ぎぇ	ぎょ
KYA	KYI	KYU	KYE	KYO		GYA	GYI	GYU	GYE	GYO

くぁ	くぃ	くぅ	くぇ	くぉ		ぐぁ	ぐぃ	ぐぅ	ぐぇ	ぐぉ
QWA	QWI	QWU	QWE	QWO		GWA	GWI	GWU	GWE	GWO
QA	QI		QE	QO						
KWA	QYI		QYE							

くゃ		くゅ		くょ
QYA		QYU		QYO

さ行

さ	し	す	せ	そ		ざ	じ	ず	ぜ	ぞ
SA	SI	SU	SE	SO		ZA	ZI	ZU	ZE	ZO
	CI		CE				JI			
	SHI									

しゃ	しぃ	しゅ	しぇ	しょ		じゃ	じぃ	じゅ	じぇ	じょ
SYA	SYI	SYU	SYE	SYO		JYA	JYI	JYU	JYE	JYO
SHA		SHU	SHE	SHO		ZYA	ZYI	ZYU	ZYE	ZYO
						JA		JU	JE	JO

すぁ	すぃ	すぅ	すぇ	すぉ
SWA	SWI	SWU	SWE	SWO

た行

た	ち	つ	て	と		だ	ぢ	づ	で	ど
TA	TI	TU	TE	TO		DA	DI	DU	DE	DO
	CHI	TSU								

		っ		
		LTU		
		XTU		
		LTSU		

ちゃ	ちぃ	ちゅ	ちぇ	ちょ		ぢゃ	ぢぃ	ぢゅ	ぢぇ	ぢょ
TYA	TYI	TYU	TYE	TYO		DYA	DYI	DYU	DYE	DYO
CYA	CYI	CYU	CYE	CYO						
CHA		CHU	CHE	CHO						

つぁ	つぃ		つぇ	つぉ
TSA	TSI		TSE	TSO

てゃ	てぃ	てゅ	てぇ	てょ		でゃ	でぃ	でゅ	でぇ	でょ
THA	THI	THU	THE	THO		DHA	DHI	DHU	DHE	DHO

とぁ	とぃ	とぅ	とぇ	とぉ		どぁ	どぃ	どぅ	どぇ	どぉ
TWA	TWI	TWU	TWE	TWO		DWA	DWI	DWU	DWE	DWO

な行

な	に	ぬ	ね	の		にゃ	にぃ	にゅ	にぇ	にょ
NA	NI	NU	NE	NO		NYA	NYI	NYU	NYE	NYO

は行

は	ひ	ふ	へ	ほ		ば	び	ぶ	べ	ぼ
HA	HI	HU	HE	HO		BA	BI	BU	BE	BO
		FU				ぱ	ぴ	ぷ	ぺ	ぽ
						PA	PI	PU	PE	PO

ひゃ	ひぃ	ひゅ	ひぇ	ひょ		びゃ	びぃ	びゅ	びぇ	びょ
HYA	HYI	HYU	HYE	HYO		BYA	BYI	BYU	BYE	BYO
						ぴゃ	ぴぃ	ぴゅ	ぴぇ	ぴょ
						PYA	PYI	PYU	PYE	PYO

ふぁ	ふぃ	ふぅ	ふぇ	ふぉ		ヴぁ	ヴぃ	ヴ	ヴぇ	ヴぉ
FWA	FWI	FWU	FWE	FWO		VA	VI	VU	VE	VO
FA	FI		FE	FO			VYI		VYE	
	FYI		FYE							

ふゃ		ふゅ		ふょ		ヴゃ	ヴぃ	ヴゅ	ヴぇ	ヴょ
FYA		FYU		FYO		VYA		VYU		VYO

ま行

ま	み	む	め	も		みゃ	みぃ	みゅ	みぇ	みょ
MA	MI	MU	ME	MO		MYA	MYI	MYU	MYE	MYO

や行

や		ゆ		よ		ゃ		ゅ		ょ
YA		YU		YO		LYA		LYU		LYO
						XYA		XYU		XYO

ら行

ら	り	る	れ	ろ		りゃ	りぃ	りゅ	りぇ	りょ
RA	RI	RU	RE	RO		RYA	RYI	RYU	RYE	RYO

わ行

わ	ゐ		ゑ	を		ん
WA	WI		WE	WO		N
						NN
						XN
						N'

● 「ん」は、母音（A、I、U、E、O）の前と、単語の最後ではNNと入力します。（TANI→たに、TANNI→たんい、HONN→ほん）
● 「っ」は、N以外の子音を連続しても入力できます。（ITTA→いった）
● 「ヴ」のひらがなはありません。

用語集

本書に登場する用語や、パソコンを使ううえで覚えておくと便利な用語をまとめました。用語の意味がわからないときに参照してください。

A ～ Z

BCC（ビーシーシー）

指定した人に、同じ内容のメールを送る機能です。BCCに指定されたメールアドレスは、他の受信者には表示されません。

Bing（ビング）

検索エンジンの1つです。Edgeの標準の検索エンジンとして使用されています。

Bluetooth（ブルートゥース）

イヤホンやスピーカー、マウス、キーボードといった、近距離にある周辺機器と無線で接続する方法です。

CC（シーシー）

指定した人に、同じ内容のメールを送る機能です。CCに指定されたメールアドレスは、他の受信者にも表示されます。

Copilot（コパイロット）

Microsoft社が提供するAIアシスタントです。チャット形式で質問や指示をすると、AIからの回答を得られます。

Gmail（ジーメール）

グーグルが運営するWebメールです。Googleアカウントを作成すると利用できます。

Google（グーグル）

検索エンジンの1つ、またはサービスを提供する運営会社のことです。

IMAP（アイマップ）サーバー

メールを受信するサーバーの1つです。メールを読む際にサーバー上のメールを消さずに貯めておけるので、複数の機器から参照できます。

LAN（ラン）

屋内程度の比較的小さな範囲で使われるネットワークです。

Microsof Edge（マイクロソフト エッジ）

Webブラウザーの1つで、Windows 11に標準で搭載されています。

Microsoft IME（マイクロソフト アイエムイー）

日本語入力システムの1つで、Windows 11に初期状態で付属しています。

Microsoft Store（マイクロソフト ストア）

Windowsで動作するアプリを提供するサービスです。ストア専用アプリだけでなく、一般的なアプリも配布されています。

Microsoft Teams（マイクロソフト チームズ）

チャットやビデオ会議が行えるコミュニケーションツールです。

Microsoft（マイクロソフト）アカウント

OneDriveなどのマイクロソフトが提供する各種サービスを利用するために必要なアカウント（利用権）です。

OneDrive（ワンドライブ）

マイクロソフトが運営するクラウドストレージです。Microsoftアカウントを作成済みのユーザーであれば無料で利用できます。

OS（オーエス）

アプリケーションを動かす環境を用意する、基本ソフトウェアのことです。

PDF（ピーディーエフ）

アドビが開発した電子文書ファイル形式です。印刷物を配布するために使用されています。

PIN（ピン）

パソコンにサインインする際に使用する、4桁以上の数字で構成された暗証番号のことです。

POP3（ポップスリー）サーバー

メールを受信するサーバーの1つで、受信したメールを読む際にここからメールソフトにダウンロードします。ダウンロードするとサーバーからメールが消えます。

SMTP（エスエムティーピー）サーバー

メールの送信に使われるサーバーです。

TPM（ティーピーエム）2.0

パソコンに内蔵された、暗号化したストレージデータを復号する（元に戻す）鍵を保管しておくチップです。Windows 11ではバージョン2.0以上が必須となっています。

URL（ユーアールエル）

Webページのインターネット上での場所を表す文字列のことで、Webページの住所のようなものです。

USB（ユーエスビー）

マウスやキーボードをはじめ、その他のさまざまな周辺機器を接続するための規格です。

USB（ユーエスビー）メモリ

親指大のフラッシュストレージで、USBポートに接続してデータの読み書きを行います。

Web（ウェブ）サイト

個人や団体が作成し管理している、Webページのまとまりのことです。

Web（ウェブ）ブラウザー

インターネットでWebページを閲覧するためのアプリです。

Web（ウェブ）ページ

インターネット上に公開されている、Webブラウザーで閲覧できるページです。

Web（ウェブ）メール

Webブラウザー上で利用するメールサービスで、Outlook.comやGmailなどがあります。

Wi-Fi（ワイファイ）

LANに無線通信で接続する方法のことです。無線LANともいいます。

Windows Hello（ウィンドウズ ハロー）

PIN、指紋認証、顔認証などでWindowsにサインインする機能です。

Windows Update（ウィンドウズ アップデート）

Windows のOSやアプリなどの機能追加や、セキュリティ対策などによる修正を行い、Windowsを最新の状態に保ってくれるサポート機能です。

Windows（ウィンドウズ）セキュリティ

Windows 11に搭載されているセキュリティソフトです。Webページの閲覧のチェックや、定期的なストレージのチェックなどを行い、悪意があるプログラムの侵入を監視します。

あ行

アイコン

フォルダーやファイルの種類、アプリなどをわかりやすく表したイラストです。ダブルクリックして、ファイルを開いたりアプリを起動したりできます。

アカウント

サービスなどを利用するための権利のことです。通常、ユーザー名とパスワードで構成されています。

圧縮

データを元のサイズより小さくすることです。複数のファイルをまとめて送受信しやすくする効果もあります。

アップグレード

ソフトウェアを上位または新しいバージョンに更新することです。

アップデート

アプリに新しい機能を追加したり、不具合を修正したりすることです。

アドレスバー（エクスプローラー）

エクスプローラーで、現在表示しているフォルダーやファイルの場所を表示します。

アドレスバー（Webブラウザ）

現在表示しているWebページのURLを表示したり、表示したいWebページのURLを入力したりする欄です。Edgeの場合、検索キーワードの入力欄としても使えます。

アプリ

文書作成ソフトや表計算ソフト、画像加工ソフトなど、特定の目的のために使用するソフトウェアのことです。

アンインストール

インストールされているアプリを、ストレージから削除することです。

位置情報

GPSやインターネットを通じて得られる、その端末の位置に関する情報（経度・緯度、時刻など）です。

インストール

パソコンのストレージにアプリを入れて、使えるようにすることです。

インターネット

パソコンなどの複数の情報機器を接続して構成されたネットワークを、互いに接続したネットワークのネットワークのことです。

ウィジェット

Windows 11から導入された、天気やニュース、カレンダー、ToDoリストなどを表示するミニアプリです。

ウィンドウ

アプリの表示領域のことです。位置やサイズを自由に調整できます。

エクスプローラー

ファイルやフォルダーを表示し、管理するアプリです。

お気に入り

あとから簡単に訪問できるようURLをEdgeに登録しておく機能のことです。ブックマークともいいます。

か行

解像度

ディスプレイの縦横がそれぞれ何画素（ピクセル）で構成されているかを表すものです。または、画像などの印刷で、1インチあたりに何画素含まれるかを表すものです。

拡張子

ファイルの種類を区別するために、ファイル名の末尾に付ける英数字のことです。「ファイル名.txt」のように、ドットの後ろに続けます。

仮想デスクトップ

複数のデスクトップを作成し、切り替えて作業できる機能です。

機内モード

パソコンの無線通信を一時的にオフにする機能です。飛行機の発着時など、無線通信を遮断する必要がある場合に利用します。

クイックアクセス

エクスプローラーで、よく使うファイルやフォルダーを表示する機能です。

クイック設定

タスクバーの右側に表示される、Wi-Fiや音量などの設定を行うための領域です。

クリップボード

「切り取り」や「コピー」を行った際のデータを、一時的に記憶するための領域です。

317

検索エンジン

インターネット上の情報を探すためのサービスです。Bing や Google などがあります。

ごみ箱

削除したファイルを一時的に保管しておくフォルダーです。[ごみ箱を空にする]を実行するまで、ストレージ上に残ります。

コントロールパネル

Windows に関する設定を行う機能です。Windows 11 では、大半の設定は「設定」アプリに移行しています。

コンピューターウイルス

パソコンに対して悪い影響を与えたり情報を勝手に抜き出したりする、悪意があるプログラム（マルウェア）のことです。

さ行

再起動

Windows をいったん終了し、再び起動することです。「パソコンが重い」などの問題が解決することがあります。

サインイン

インターネットのサービスやパソコンなどで、ユーザー名とパスワードの入力によってユーザーであることを証明し、使用開始することです。

サインアウト

インターネットのサービスやパソコンなどの使用後に、それらを自分が使用していない状態に戻すことです。

サムネイル

画像の縮小表示のことです。ファイルを開くことなく内容を確認できます。

シャットダウン

Windows とアプリをすべて終了し、パソコンの電源を切ることです。

周辺機器

マウス、キーボード、ネットワーク機器など、パソコンと接続して使用する機器のことです。

ショートカットキー

特定の操作をすばやく実行するために、Ctrl などの特殊キーと組み合わせて押す複数のキーのことです。

スクリーンショット

画面全体や画面の一部などを画像として保存することです。

スタートページ

Web ブラウザーを起動したときに、最初に表示されるページのことです。

[スタート] メニュー

アプリの起動など、Windows のさまざまな操作を開始するためのメニューです。

スナップレイアウト

デスクトップ上のウィンドウを、2分割や3分割など、綺麗に並べるための機能です。

スリープ

消費電力を抑えた待機状態にすることです。解除するとすぐに作業を再開できます。

「設定」アプリ

Windows の環境設定を行うためのアプリです。

全角文字

縦横の比率が1:1の文字のことです。日本語の文字などは全角文字を使用します。

た行

タイトルバー

ウィンドウ上部のバーのことです。アプリや開いているファイルの名前などを表示します。

ダウンロード

インターネット上に公開されているファイルを、パソコンに保存することです。

タスクバー

デスクトップの下部にある、[スタート] ボタンや開いているアプリ、登録しておいたショートカットなどを表示するバーです。

タスクビュー

起動しているアプリのウィンドウを一覧表示する機能です。ここから仮想デスクトップを作成することもできます。

タスクマネージャー

Windows が使用しているアプリを強制終了したり、ハードウェアやソフトウェアの稼働状態を把握するためのアプリです。

タブ

ユーザーインターフェースの一種で、画面を切り替えるために使用する見出しのことです。代表的なものに Web ブラウザのタブがあります。

チャット

主に文字や動画・音声でリアルタイムにコミュニケーションを行うサービスです。文字だけを使う場合は、テキストチャットともいいます。

テーマ

Windows 11 の外観を一括で設定する機能です。壁紙やウィンドウ、タスクバー、スタートメニューなどが設定でき、Microsoft Store からも入手できます。

デスクトップ

画面を机の上にたとえ、画面の最背面にあるのがデスクトップです。アプリなどのウィンドウやアイコンがその上に配置されるイメージです。

デバイスマネージャー
Windowsを構成する周辺機器の動作状況などを把握・管理するためのアプリです。

展開
圧縮したファイルを元の状態に戻すことです。

ドラッグ
ファイルやフォルダー、スクロールバーなどを、マウスの左ボタンを押したまま動かすこと。アイコンなどを移動するのに使います。

ドラッグ＆ドロップ
ファイルやフォルダーなどをドラッグし、左クリックを別の場所で離してアイテムを落とすことです。

トリミング
画像の余計な部分を切り取り、使用したい部分だけを抜き出すことです。

は行

半角文字
幅が高さの半分のサイズの文字です。一般に、パソコンで欧文英数字を表現するのに使用します。

ビデオ会議
インターネット回線を使って、音声と動画によって行うコミュニケーションです。複数人で利用できるため、遠隔で会議を行えます。

ピン留め
よく使うアプリやアイテムを専用の場所に固定し、利用しやすくすることです。［スタート］メニューやタスクバー、エクスプローラーなどにあります。

ファイル
コンピューターにおけるデータの管理単位のことです。アプリで作成した文書データや、イラストや写真といった画像データなどがあります。

ファンクションキー
キーボードの上部にあるF1～F12までのキーのことです。文字入力中に文字種を変換したり、アプリによって独自の機能が割り当てられたりしています。

フィッシング詐欺
ユーザーを偽のWebページに誘導し、クレジットカード番号やユーザーID、パスワードなどの個人情報を盗み出す行為のことです。

フォルダー
ファイルを分類したり、階層を作って整理するための入れ物のことです。

プレビューウィンドウ
エクスプローラーのウィンドウ右側に、テキストや画像ファイルの中身をプレビュー表示する機能のことです。

プロバイダー
インターネットサービスプロバイダー（ISP）の略で、インターネットに接続するサービスを提供している事業者のことです。

ペアリング
Bluetoothで初めての機器同士を接続する際に、接続先の機器として認識し登録することです。

ま行

右クリックメニュー
エクスプローラーやブラウザーなどのウィンドウ上で、右クリックすると表示されるメニューのことです。ショートカットメニューやコンテキストメニューとも呼びます。

無線LAN
無線で接続できるLANのことです。Wi-Fiと呼ばれることもあります。

迷惑メール
出会い系や消費者金融、アダルトサイトなどへの誘導、偽のWebページに誘導し、クレジットカード番号などの個人情報を盗むことなどを目的とした悪質なメールです。

メール
インターネットを介してやりとりする手紙のことです。電子メールやEメールとも呼ばれます。

メモリ
コンピューターの処理中に、アプリやOSなどが一時的にデータを保存しておくための装置です。

文字化け
Windows以外のOSで作成されたファイルを開いたときなどに、文字コードが異なるためにファイル名や文書内などの文字が正しく表示されないことです。

ら行

リンク
Webページ内のテキストや画像をクリックすると、リンク先として設定されたWebページを表示する仕組みのことです。ハイパーリンクともいいます。

ルーター
家庭などの中でLANを構成する装置で、ネットワーク同士をつなげるための機器です。

ローカルアカウント
Microsoftアカウントとは異なり、そのアカウントを作成したWindowsでのみ利用できるアカウントです。

ロック画面
パソコンが操作できないようにロックされている状態のときに表示される画面です。サインインすると解除され、再びアプリなどを使用できるようになります。

319

索 引

アルファベット・数字

2in1	25
AI アシスタント	212
Android	231
BCC	173
Bing	136
Bing 版 Copilot	221
Bluetooth	258
CC	173
Clipchamp	244
Copilot	212
Copilot で画像を検索する	224
Copilot で画像を生成する	219
Copilot で文章を生成する	216
Copilot で文章を要約する	220
Copilot + PC	27
Edge	132
Family Safety	290
Game Bar	286
Gmail	180
Google	144
Google アカウント	180
HDMI ポート	251
IMAP 方式	163
InPrivate ウィンドウ	306
Internet Explorer モード	133
LAN	130
Microsoft Store	206
Microsoft アカウント	38, 288
MP4	248
NAS	307
OneDrive	105, 196, 234, 310
OneDrive アプリ	234
Outlook アプリ	164
Outlook.com	169
PC 正常性チェックアプリ	312
PC をリセット	308
PDF	156
PIN	34, 43, 281
POP 方式	163
Snipping Tool	284
SSD	105, 250, 294
Teams	188
TPM 2.0	26
URL	134
USB ポート	251
USB メモリ	252
Web サイト	134
Web ブラウザー	132
Web ページ	134
Web ページの拡大／縮小	142
Web ページを翻訳する	154
Web ページを読み上げる	155
Wi-Fi	31, 129, 130, 296
Windows	24
Windows Hello	280
Windows Update	292
Windows セキュリティ	158
Windows 11 Home ／ Pro	30
Windows 11 のシステム要件	312
Windows 11 の新機能	26
Windows 11 のバージョンを確認	292
Windows 11 へのアップグレード	312
ZIP ファイル	124, 307

あ行

アイコン	49
アカウント	38, 280, 288
圧縮	124
アドレスバー	134
アプリ	49, 206
アプリの画面を録画する	287
アプリをアップデートする	208
アプリをアンインストールする	209
アプリをインストールする	207
アプリを切り替える	64
アプリを終了する	66
アプリケーションキー	95
印刷	254

インストールアシスタント	313
インターネット	128, 296
インポート	229
ウィジェットを追加する	272
[ウィジェット] ボタン	50
ウィンドウ	49, 60
ウィンドウの移動	61
ウィンドウのサイズ変更	62
ウィンドウの最大化／最小化	63
上書き保存	99
英数字入力モード	81
エクスプローラー	106
エクスプローラーのアドレスバー	107
閲覧履歴の消去	306
エディション	30
絵文字	263
応答不可モード	300
お気に入り	122, 146
お気に入りバー	146
[おすすめ]	57

か行

カーソル	83, 90
回線事業者	128
回転ロック	263
顔認識	283
拡張子	98, 108
拡張子の表示	108
仮想デスクトップ	65, 274
家族アカウント	288
カタカナ入力モード	85
かな入力	84
カメラの使用許可	189
管理者	291
関連付け	301
キーボード	80, 303
キーボードレイアウト	31, 303
既定のアプリ	301
機内モード	54
切り取り	94
共有フォルダー	307
クイックアクセス	107, 122

クイック設定	50, 54, 130, 263
クラウドコンピューティング	194
クラウドサービス	194
クリップボード	94, 278
[現在のフォルダー]	119
検索エンジン	144
検索ボックス	50, 107, 229, 305
光学ドライブ	250, 256
コーナーアイコン	51
個人用 Vault	200
コネクタ	251
コピー	95, 96
コピーとして保存	241
ごみ箱	114, 294
コレクション	150
コンテンツ共有機能	192
コントロールパネル	304
コンピューターウイルス	158

さ行

再起動	46
最小化	63
最大化	63
サインアウト	290
サインイン	42, 280, 288, 302
サインインオプション	43
サムネイル	116, 236
システムメニュー	62
下書き	170
自動保存	99
字幕	247
指紋認識	283
写真を取り込む	230
シャットダウン	45
ジャンプリスト	67
周辺機器	250, 311
詳細ウィンドウ	107
ショートカットキー	102
署名	171
垂直タブバー	141
スイッチングハブ	131
スクリーンショット	284

スタートページ	132, 136
[スタート] ボタン	50, 70
[スタート] メニュー	56, 71, 73
ステータスバー	60
ストレージセンサー	294
スナップレイアウト	63, 77
[すべてのアプリ]	58
[すべてのサブフォルダー]	119
スマートフォン	264
スリープ	44
スレッド	177
生成 AI	212
セキュリティ	26, 158
「設定」アプリ	68, 254, 266, 294
「設定」アプリの [ホーム]	266
全角	88
その他のお気に入り	148

た行

ダークモード	267
タイトルバー	60
ダウンロード	156
タスクバー	51
タスクバーにピン留めする	74
タスクビュー	274
[タスクビュー] ボタン	50
タスクマネージャー	295
タッチ PC	260
タッチキーボード	262
タッチタイピング	81
タッチパッド	269
タブ	120, 138
タブを追加する	120
タブをピン留めする	141
単語登録	100
通知	50, 52
通知センター	53
ツールバー	107, 237
ディスプレイの解像度	268
データのクリーニング	308
テーマ	266
テザリング	129

デジタルカメラ	230
デスクトップ	48, 110, 274
デバイスマネージャー	311
[電源] ボタン	57
添付ファイル	177
動画のトリミング	246
特殊キー	81
特殊フォルダー	106, 111, 310
[閉じる] ボタン	60
トラッキングの防止	145
ドラッグ＆ドロップ	115, 121, 224, 253
トラックパッド	269
トリミング	242

な行

内蔵ストレージ	105, 111, 294, 308
ナビゲーションウィンドウ	107
日本語入力モード	81
入力モード	81, 101

は行

ハードディスク	105, 294
パスワード	38, 166, 280, 302
パソコンを初期状態に戻す	308
パソコンをロック	45
バックアップ	198
バッテリー節約機能	298
パブリックネットワーク	131
貼り付け	95
範囲選択	97
半角	88
光ディスク	256
光ディスクへの書き込み方式	257
ビデオ会議	188
ビデオ会議で画面を共有する	192
ビデオ会議に参加する	190
ビデオ会議の背景を変える	191
ビデオ会議を開催する	189
ビデオ会議を終了する	192
表記揺れ	222
標準アプリ	210
標準ユーザー	291

ピン留め	57, 73, 147
［ピン留め済み］	57, 74
ファイアウォール	159
ファイル	98, 104
ファイルの圧縮	124
ファイルの検索	118
ファイルのコピー	113, 253
ファイルの削除	114
ファイルの同期状態を確認する	197
ファイルの並べ替え	117
ファイルの保存	98
ファイル名の変更	109
ファイルをダウンロードする	156
ファイルを添付する	177
ファンクションキー	88
フィッシング詐欺	186
フィルター	240
フォーカスセッション	300
フォーマット	257
「フォト」アプリ	228
フォルダー	105, 110
プライバシー設定	35
プライバシーとセキュリティ	159
プライベートネットワーク	131
プリンター	254
ブレインストーミング	223
プレビューウィンドウ	116
プロバイダー	128, 167
分割キーボード	263
文節	86
ペアリング	259
ポート	251
ホームポジション	81
ボタン	49

ま行

マウス	6, 269
マウスポインター	49, 269
右クリック	7
右クリックメニュー	125
ミニカレンダー	52
迷惑メール	186

メール	162
メールに返信する	178
メールを受信する	176
メールを送信する	170
メールを転送する	179
メールアドレス	40, 166, 180
「メモ帳」アプリ	82
メモリカード	230
文字の移動	94
文字のコピー	95
文字化け	126, 307

や行

夜間モード	55, 299
ユーザーアカウント	288
ユーザーアカウント制御	160
ユーザー辞書	100
ユーザー名	38, 166
有線 LAN	131
有線接続	31
有料アプリ	206
予測入力	87, 89

ら行

ライトモード	267
ローカルアカウント	288, 291
ローマ字入力	84
ロック画面	42, 46
ロック状態	303
ロールプレイ	226

注意事項

- 本書に掲載されている情報は、2024年11月5日現在のものです。本書の発行後にWindows 11の機能や操作方法、画面が変更された場合は、本書の手順どおりに操作できなくなる可能性があります。
- 本書に掲載されている画面や手順は一例であり、すべての環境で同様に動作することを保証するものではありません。読者がお使いのパソコン環境、周辺機器、スマートフォンなどによって、紙面とは異なる画面、異なる手順となる場合があります。
- 読者固有の環境についてのお問い合わせ、本書の発行後に変更されたアプリ、インターネットのサービス等についてのお問い合わせにはお答えできない場合があります。あらかじめご了承ください。
- 本書に掲載されている手順以外についてのご質問は受け付けておりません。
- 本書の内容に関するお問い合わせに際して、編集部への電話によるお問い合わせはご遠慮ください。

本書サポートページ　https://isbn2.sbcr.jp/28710/

著者紹介

リブロワークス

「ニッポンのITを本で支える！」をコンセプトに、IT書籍の企画、編集、デザインを手がける集団。デジタルを活用して人と企業が飛躍的に成長するための「学び」を提供する（株）ディジタルグロースアカデミアの1ユニット。SE出身のスタッフが多い。最近の著書は『Copilot for Microsoft 365ビジネス活用入門ガイド』（SBクリエイティブ）、『Excelシゴトのドリル』（技術評論社）、『仕事×ITの基本をひとつひとつわかりやすく。』（Gakken）など
https://libroworks.co.jp/

カバーデザイン　西垂水 敦（krran）
制作　　　　　　リブロワークス

Windows 11 やさしい教科書
［改訂第3版 Copilot対応］

2024年12月13日　初版第1刷発行

著　者　リブロワークス
発行者　出井 貴完
発行所　SBクリエイティブ株式会社
　　　　〒105-0001 東京都港区虎ノ門2-2-1
　　　　https://www.sbcr.jp/
印　刷　株式会社シナノ

落丁本、乱丁本は小社営業部（03-5549-1201）にてお取り替えいたします。
定価はカバーに記載されております。
Printed in Japan　ISBN978-4-8156-2871-0